AF495952

PETITE ENCYCLOPÉDIE AGRICOLE
Publiée sous la direction de L. GRANDEAU

ARBORICULTURE FRUITIÈRE

CULTURE DES ARBRES FRUITIERS DANS LES JARDINS

PAR

J. FOUSSAT

Ancien élève de l'École nationale d'horticulture de Versailles
Chef des travaux horticoles, chargé du cours d'horticulture à l'École pratique d'agriculture Mathieu de Dombasle
Secrétaire adjoint de la Société d'horticulture de Nancy

OUVRAGE CONTENANT 105 FIGURES

PARIS
LIBRAIRIE HACHETTE ET Cie
79, BOULEVARD SAINT-GERMAIN, 79

1894

PETITE ENCYCLOPÉDIE AGRICOLE

PUBLIÉE

SOUS LA DIRECTION DE L. GRANDEAU

ARBORICULTURE FRUITIÈRE

OUVRAGE DU MÊME AUTEUR

PUBLIÉ DANS LA BIBLIOTHÈQUE POPULAIRE

PAR LA LIBRAIRIE HACHETTE ET Cie

LE JARDINAGE. *Culture potagère pratique.* 1 vol. avec 96 figures, broché. 1 fr. 25

Coulommiers. — Imp. PAUL BRODARD.

ARBORICULTURE FRUITIÈRE

CULTURE DES ARBRES FRUITIERS DANS LES JARDINS

PAR

J. FOUSSAT

Ancien élève de l'École nationale d'horticulture de Versailles
Chef des travaux horticoles, chargé du cours d'horticulture à l'École pratique d'agriculture Mathieu de Dombasle
Secrétaire adjoint de la Société d'horticulture de Nancy

OUVRAGE CONTENANT 105 FIGURES

PARIS
LIBRAIRIE HACHETTE ET Cie
79, BOULEVARD SAINT-GERMAIN, 79

1894

AVANT-PROPOS

L'arboriculture fruitière est une des branches les plus importantes de l'horticulture; elle est, en même temps, très accessible aux particuliers qui désirent s'occuper de jardinage.

Elle procure aux personnes qui donnent leurs soins à nos principaux arbres à fruits d'agréables instants et des jouissances d'autant meilleures qu'on les a longtemps espérées et attendues. Ce petit livre est loin d'être complet. Traiter tout ce qui se rattache à la culture des arbres fruitiers dans les jardins, sans s'écarter un instant de la partie véritablement utilitaire, demanderait un gros volume. Le cadre de la *Petite Encyclopédie agricole* nous a forcément obligés à limiter notre travail.

Nous avons cherché, dans les divers chapitres de ce petit traité, à exposer aussi clairement que possible les règles les plus indispensables, absolument nécessaires aux commençants qui désirent conduire et tailler eux-mêmes leurs arbres fruitiers. Toutefois, qu'on ne le perde pas de vue, les arbres ne se taillent pas mécaniquement, il faut de la pratique et surtout beaucoup d'observation; les livres ne doivent être que des guides.

Les premiers arbres ne seront sans doute pas des modèles, mais avec du goût on parviendra par la suite à les bien *conduire*. Nous disons conduire, car nous sommes persuadés qu'on finira, à part quelques exceptions, par comprendre, tôt ou tard, que la taille des branches charpentières de nos principaux arbres à fruits, telle qu'un grand nombre d'arboriculteurs la pratiquent encore, est plutôt nuisible qu'utile; nous en sommes convaincus.

En effet, dans les neuf dixièmes des cas, la taille des branches principales retarde la fructification et complique beaucoup et inutilement toutes les opérations applicables à celles dites branches fruitières.

Pour rendre nos démonstrations plus claires, nous les avons fait suivre de figures simples et pratiques, nous espérons qu'elles seront appréciées des lecteurs.

Nous remercions vivement MM. Hachette et Cie de la liberté entière qu'ils ont bien voulu nous laisser, en nous autorisant à faire graver les figures nécessaires à l'illustration de ce petit ouvrage. Ces figures auraient pu, à la rigueur, être empruntées à d'autres livres traitant des mêmes sujets, ce qui nous eût épargné beaucoup de travail, mais nous avons préféré les dessiner toutes nous-mêmes, en très grande partie d'après nature.

La reproduction de tous ces dessins a été faite avec une scrupuleuse exactitude, nous ne pouvons qu'applaudir à leur exécution soignée.

Je tiens aussi, personnellement, à exprimer au directeur de cette publication toute ma gratitude. En me faisant l'honneur de demander ma collaboration à la *Petite Encyclopédie agricole*, M. Louis Grandeau m'a donné un témoignage de confiance dont j'ai été extrêmement touché.

Rédigés par un autre, ces deux petits livres de jardinage y auraient peut-être gagné, mais, à coup sûr, l'auteur n'aurait jamais pu dépasser, voire même égaler, l'ardeur qui m'a animé pendant tout le temps qu'ont duré la rédaction et l'impression du *Jardinage* et de *l'Arboriculture fruitière*. J'ai cherché ainsi à répondre de mon mieux à la confiance qu'avait bien voulu m'accorder l'éminent directeur de la Station agronomique de l'Est

Ecole Mathieu de Dombasle, le 28 octobre 1893.

ARBORICULTURE FRUITIÈRE

CULTURE DES ARBRES FRUITIERS

DANS LES JARDINS

INTRODUCTION

I. Arboriculture fruitière. Son importance. — L'arboriculture fruitière est une branche de l'horticulture qui rentre tout naturellement dans le jardinage d'utilité. Son but principal est de produire des fruits pour notre alimentation.

Son importance est moins grande que celle de la culture potagère, sa nécessité est plus contestable, car on peut à la rigueur se passer de fruits.

Il n'en est pas moins vrai que les fruits sont très recommandables et leur usage très hygiénique; de plus, ils contribuent pour une large part à notre richesse nationale.

N'oublions pas que la France se trouve, au point de vue géographique, dans des conditions favorables, exceptionnelles, pour la production des fruits de toutes sortes et que ces derniers sont toujours très appréciés sur les marchés étrangers.

Mais si les climats divers et la variété de son sol donnent à la France sur les autres pays une supériorité incontestable par la qualité des produits du grand nombre d'essences fruitières qui croissent chez nous, il ne faut pas perdre de vue, non plus, que certains pays à côté de nous, tels que la Belgique, la Hollande et l'Allemagne, sont de redoutables concurrents. Nous pouvons même, dans cet ordre d'idées, diriger nos regards plus loin encore.

L'Amérique, par exemple, dont les expéditions de fruits sur les marchés européens atteignent déjà un chiffre très élevé, déploie depuis quelques années une très grande activité pour augmenter l'importance de ses cultures fruitières. Si nous en croyons la communication de M. Louis Passy, faite à une des réunions de la *Société nationale d'agriculture de France*, les exportations du Nouveau Monde, qui ont plus que vingtuplé dans ces quinze dernières années, sont appelées à devenir bien plus importantes encore; il est à penser qu'elles prendront les proportions atteintes par l'exportation des blés.

Il s'est formé en effet dans un des États de l'Amérique du Nord une vaste association : l'*Union fruitière de Californie*, qui a pour mission, entre autres, de rechercher et d'étudier les moyens les plus propres à permettre l'écoulement rapide, avec le moins de frais possible, des fruits de toutes sortes.

C'est aussi dans ce but que l'*Association* étudie les variétés de fruits qui doivent être cultivées de préférence, celles qui supportent le mieux le transport, les plus rustiques, et enfin les plus recherchées sur les marchés.

Les efforts du cultivateur californien sont maintenant groupés, tant au point de vue de la production que de la vente, et celui-ci se trouve ainsi dans de bien meilleures conditions pour l'exportation à de grandes distances; les produits sont aussi, de cette façon, assurés de nombreux débouchés.

La question du transport a même soulevé une proposition dont l'étude doit être terminée maintenant : l'organisation de *trains rapides et spéciaux* pour le transport des fruits. Notons en passant que ces trains doivent être formés de *wagons fruitiers* aménagés spécialement, et à températures constantes.

Enfin, et pour en terminer avec la Californie, disons que cet État de l'Amérique du Nord a exporté du 1er janvier au 1er octobre 1885 :

Oranges et citrons,	22 432 180 livres	par 1 121 wagons.
Autres fruits frais,	19 543 630 —	par 1 024 wagons[1].

Comme les fruits des cultivateurs californiens sont dirigés vers les États de l'Est : New-York, Boston, Philadelphie, la communication de M. L. Passy se termine par ce passage que nous ne saurions trop méditer :

« Mais l'arrivée des produits californiens dans les États de l'Est, qui forment la zone maritime de l'Atlantique, ne rendra-t-elle pas disponibles les fruits que ces États produisent en abondance et

1. *Bulletin de la Société nationale d'agriculture de France*, 1886, p. 14.

dont plusieurs (pommes, pêches, etc.) sont reconnus d'excellente qualité? Ces États, à leur tour, chassés des marchés de consommation qu'ils alimentent, ne chercheront-ils pas des débouchés nouveaux et ne jetteront-ils pas les yeux sur l'Europe, où déjà ils exportent des quantités de pommes sur Glasgow, Liverpool, Londres et même Hambourg?

« Rien n'est plus probable quand on connaît l'énergie d'entreprise qui caractérise les Américains, la promptitude et la décision qu'ils apportent à exécuter leurs plans après les avoir étudiés.

« Il y a donc par voie de répercussion un danger dont l'Europe, la *France en particulier*, doit se préoccuper dès aujourd'hui et qu'il faudra détourner en déployant une énergie, une promptitude et une décision égales ou même supérieures, en organisant de vastes et puissantes associations à l'instar de l'*Union fruitière de Californie*, en s'abouchant avec les entreprises de transports rapides, en obtenant des concessions de trains à wagons bien outillés, pourvus d'un personnel expert, franchissant les distances avec rapidité, et à des prix réduits autant que possible. »

Nous souhaitons que ces paroles soient méditées par tous les cultivateurs.

La concurrence de la Californie n'est pas la seule, malheureusement, qui doive nous préoccuper. Nous avons, comme nous le disions au commencement de cette introduction, la Belgique, la Hollande et l'Allemagne dont les exportations en fruits, vers les principales villes de l'Angleterre, sont très préjudiciables à notre commerce extérieur. Elles sont d'autant plus inquiétantes pour la France que nos exportations, sans diminuer, sont loin de progresser aussi rapidement que chez nos voisins.

Nous n'avons d'ailleurs, pour en être persuadés, qu'à parcourir la note de M. Laverière qui eut pour origine une brochure de M. Charles de Whitehead, de Maidstone, sur les *progrès de la culture fruitière en Angleterre* [1].

Cette note, envoyée par l'auteur à la Société nationale d'agriculture de France, a été l'objet d'un rapport de M. Hardy, ancien directeur de l'École nationale d'horticulture de Versailles; elle est remplie d'enseignements, que nous pouvons apprécier par le tableau que nous reproduisons et qui renferme les exportations de fruits des différents pays. Il nous montre la valeur argent à laquelle sont arrivées ces expéditions, ainsi que la progression des différents envois depuis 1871 jusqu'à 1882.

PAYS DE PROVENANCE	1871		1882	
	NOMBRE DE BOISSEAUX	VALEUR EN FRANCS	NOMBRE DE BOISSEAUX	VALEUR EN FRANCS
Allemagne	69 519	552 600	515 604	3 777 400
Hollande	160 392	1 448 550	444 886	4 571 900
Belgique	276 286	2 395 550	593 158	4 229 100
France	354 606	5 368 550	524 683	8 388 575
Portugal, Açores, Madère	73 979	1 427 025	133 124	2 031 125
Espagne, Canaries	59 712	1 219 875	462 082	6 943 925
Etats-Unis	56 441	1 015 100	1 065 076	9 679 750
Canada	55 150	925 100	222 128	2 251 925
Antilles anglaises	10 063	268 750	20 168	395 250
Autres pays	12,520	246 575	14 197	189 525
Iles de la Manche	»	»	50 584	514 350

1. *Bull. de la Société nat. d'agriculture de France*, 1884, p. 357.

Ces chiffres montrent que la France en 1871 occupait la première place parmi les pays exportateurs vers l'Angleterre, comme quantité et comme chiffre d'affaires. Il n'en est plus de même en 1882. Si nous laissons de côté les États-Unis, dont nous avons parlé, nos envois, bien que supérieurs encore à ceux de l'Allemagne et de la Hollande, ne sont pas ce qu'ils devraient être, n'ayant pas progressé, à beaucoup près, dans les mêmes proportions que ceux de nos voisins.

Mais ce qui doit nous rassurer, c'est la valeur qu'atteignent nos produits sur les marchés de l'Angleterre. Avec des quantités inférieures à celles des autres pays, la France, avec ses fruits, parvient à obtenir d'eux une somme qui n'est dépassée que par les États-Unis, avec des expéditions doubles des nôtres.

La majeure partie des fruits frais importés en Angleterre proviennent actuellement du Canada et des États-Unis.

L'augmentation de nos plantations fruitières s'impose donc; nous ne pouvons pas rester dans cette infériorité relative. Nos fruits, toujours bien cotés sur les marchés de la Russie et de l'Angleterre, sont assurés de débouchés faciles.

Bien que les importations dans ce dernier pays soient déjà considérables, si les chiffres publiés par le *Bulletin de Kew* sont authentiques, il semble démontré qu'elles ont plutôt une tendance à s'accroître.

La *Revue Horticole*, a publié un extrait de cette importante publication relatif aux importations de fruits frais en Angleterre, depuis 1845 jusqu'à 1885.

Cette statistique, que nous reproduisons ci-après, comprend comme fruits : les pommes, les raisins, les oranges, les citrons, les amandes, les figues, etc.

1845	22 172 000 fr.
1865	79 649 600
1885	189 688 075

Si maintenant, comme nous l'avons fait pour la *Culture potagère pratique*, nous prenons comme guide les renseignements donnés par la statistique agricole de 1882, renseignements si bien coordonnés par M. Tisserand, directeur de l'agriculture, nous constatons que la production totale des fruits en France se répartit de la manière suivante :

DÉSIGNATION DES CULTURES	PRODUCTION TOTALE EN FRUITS	VALEUR TOTALE	PRIX MOYEN DE L'HECTOLITRE
	Hectolitres.	Francs.	Fr. c.
Pommiers et poiriers	19 673 695	91 945 667	4 65
Pêchers et abricotiers	337 430	3 652 074	10 82
Pruniers et cerisiers	1 185 812	11 217 052	9 46
Châtaigniers	4 570 930	32 479 701	7 10
Orangers	9 769	102 985	10 54
Citronniers	11 097	259 132	23 35
Cédratiers	17 444	391 138	22 42
Totaux et moyennes	25 806 177	140 047 749	5 43

Ce tableau fait clairement entrevoir que la culture des arbres fruitiers en France est loin d'atteindre l'importance que nous avons constatée pour celle des légumes.

Cela n'a pas lieu de nous surprendre, les fruits

étant, en général, considérés comme produits de luxe.

Il n'y a peut-être d'exception à cette règle que pour les fruits, poires et pommes, par exemple, d'été et du commencement de l'automne, dont la grande abondance sur les marchés les met parfois à vil prix. Mais il n'en est pas ainsi, tant s'en faut, pour ceux de fin automne et d'hiver, dont les prix ne sont accessibles qu'au plus petit nombre des consommateurs. Puis, il faut bien le dire, nos plus beaux fruits et surtout nos meilleurs fruits de luxe, pommes, poires, pêches, raisins, etc., ne séjournent guère en France; si ce n'est pour leur donner le temps de parfaire leurs qualités au fruitier, étant, dans la plupart des cas, achetés avant maturité pour être dirigés ensuite sur l'Angleterre ou la Russie.

Actuellement nous ne produisons pas la moitié des fruits que nous pourrions exporter à l'étranger. C'est pourquoi nous pouvons hardiment augmenter nos plantations fruitières, surtout en vue de la production des fruits d'automne et d'hiver, sans avoir à redouter un abaissement sensible dans les prix.

II. **Cultures fruitières. Jardins fruitiers et vergers.** — Les terrains consacrés à la culture des arbres à fruits constituent les *cultures fruitières*.

Lorsque les arbres ont des formes régulières, *limitées*, obtenues par les opérations diverses constituant la taille proprement dite, les surfaces qu'ils occupent portent le nom de *jardins fruitiers*. Ces derniers sont le plus souvent clos de murs ou de haies.

On désigne au contraire sous l'appellation générale de *vergers* les terrains consacrés à la culture des arbres fruitiers élevés en liberté en haute tige. Quelquefois la surface comprise entre les arbres des vergers est utilisée par des cultures de plantes agricoles, ou bien par des plantations d'arbrisseaux ou d'arbustes à fruits.

III. **Formes sous lesquelles les fruits sont utilisés.** — Les fruits ne sauraient, à eux seuls, constituer une nourriture suffisante pour entretenir les forces de l'homme.

Néanmoins le rôle qu'ils jouent dans notre alimentation est considérable. Il y a peu de desserts dans lesquels les fruits ne rentrent pas sous une forme ou sous une autre. La facilité avec laquelle ils peuvent être transformés en produits industriels nous les rend très précieux, car ils peuvent ensuite se conserver presque indéfiniment. Les fruits sont la base de presque toutes les confitures, gelées, compotes, marmelades, sirops, etc.; ils fournissent aussi des alcools très appréciés. Enfin, les pommes et les poires broyées, puis pressées, donnent les boissons bien connues : le cidre et le poiré.

IV. **Principales espèces fruitières.** — Les espèces fruitières qui peuvent être cultivées dans les jardins ou les vergers sont nombreuses, mais elles n'ont pas toutes pour nous la même importance. Nous n'étudierons ici que celles qui peuvent nous rendre les plus importants services et qui sont cultivées sous les principaux climats.

Nous commencerons cette étude par les espèces les plus répandues dans les jardins particuliers et qui forment le plus souvent la base même de toutes les plantations : le poirier, le pommier, le pêcher, la vigne, l'abricotier, le cerisier, le prunier, le framboisier et le groseillier. Nous dirons aussi quelques mots du figuier, du cognassier, du noisetier et du néflier.

PREMIÈRE PARTIE

GÉNÉRALITÉS

I

PROCÉDÉS DE PROPAGATION ET DE MULTIPLICATION DES ARBRES FRUITIERS

Les divers procédés employés par les arboriculteurs pour reproduire les arbres à fruits comprennent quatre groupes : le *semis*, le *marcottage*, le *bouturage* et le *greffage*.

Semis. — Le plus naturel de tous les procédés de multiplication, le semis, est peu employé en arboriculture fruitière pour la propagation des différentes variétés de poiriers, pommiers, pêchers, etc. Cela provient de ce que les graines reproduisent très infidèlement les caractères et les qualités propres des individus dont elles proviennent; elles sont, par atavisme, prédisposées à donner des descendants ayant des dispositions très grandes à faire retour au type primitif.

Il ne s'ensuit pas cependant que le semis n'ait

aucune utilité; le rôle en est au contraire considérable, car c'est par son intermédiaire que sont obtenus les sujets désignés très communément sous le nom de *francs*, ou d'*égrins*, pour les poiriers et les pommiers, destinés au greffage des variétés de plusieurs de nos espèces fruitières dont les qualités et les propriétés ne se transmettent réellement que par la greffe.

De ce qui précède il ne résulte pas nécessairement que tous les individus obtenus par des semis doivent produire de mauvais fruits, puisque nos meilleures variétés de tous genres n'ont pas d'autre origine; seulement le nombre de celles réellement méritantes qu'on peut ainsi obtenir est extrêmement restreint.

Mais lorsque, par des caractères extérieurs, on préjuge qu'un *franc* de semis pourrait bien constituer une bonne variété nouvelle, il faut attendre qu'il ait fructifié pour en avoir la preuve. C'est encore un des inconvénients du semis de produire des individus exigeant toujours beaucoup de temps avant de donner leurs premiers fruits, 8, 10, 12 ans et quelquefois davantage.

En greffant *les premières ramifications des égrins* sur des arbres âgés et en rapport, d'aucuns prétendent, il est vrai, avancer l'époque de la fructification et se rendre ainsi compte plus tôt du mérite des nouveaux sujets; la propriété attribuée à ce mode de multiplication est du reste contestée par des semeurs de profession.

Une autre méthode, imaginée par feu Tourasse, de Pau, semble plus rationnelle pour hâter l'époque de la fructification chez les individus obtenus de semis; elle est basée sur la possibilité de donner plus de force et de développement au système radiculaire des végétaux au moyen de repiquages successifs, en ayant soin, à chaque fois, de supprimer l'extrémité des jeunes racines pour les faire ramifier; ce procédé, bien pratiqué, donne d'excellents résultats. C'est ainsi que nous avons vu des arbres à végétation libre, de trois et quatre ans d'âge au plus, en paraissant avoir dix et douze, tant ils étaient fournis de ramifications vigoureuses et fortes.

Cet ouvrage élémentaire ne comporte pas une étude de tous les systèmes préconisés jusqu'à ce jour sur la taille et l'élevage des arbres : ce serait d'ailleurs sortir du cadre qui nous est réservé et marcher à l'encontre du but que nous cherchons à atteindre. C'est pourquoi nous n'insisterions pas davantage sur le système Tourasse si la pratique des repiquages successifs, poussée jusque dans ses dernières limites par cet ami passionné de l'horticulture, n'avait encore le grand mérite de hâter la fructification de nos variétés de poiriers, pommiers, par exemple, lorsqu'elles sont greffées sur *franc*, tout en leur donnant plus de force et de vigueur.

Sans avoir des connaissances spéciales bien étendues en arboriculture fruitière, peu de personnes ignorent qu'ordinairement nos différentes sortes de poiriers fructifient plus tôt greffées sur cognassier que sur *franc*; les fruits qui en proviennent ont aussi un goût plus fin, plus délicat; mais, en revanche, la vigueur et la durée de l'arbre sont moins grandes. Or vigueur, fructification et durée des variétés sont trois facteurs qui ont une importance capitale pour l'avenir de toute plantation sérieuse, établie sur une grande surface.

Nous n'affirmons pas que le sujet *franc*, élevé au moyen des repiquages successifs, soit dans tous les cas préférable au sujet cognassier; ce serait une hérésie, car ce dernier est et restera un des plus précieux porte-greffes pour la culture de nos variétés de poires dans le jardin fruitier. Mais toutes les fois, pour une cause ou pour une autre, que les sujets *égrins* devront être adoptés, nous conseillons vivement de leur appliquer le système Tourasse. On fera acquérir ainsi aux variétés greffées plus de vigueur et la faculté de fructifier plus tôt.

Ces propriétés de l'emploi des repiquages nous déterminent à consacrer quelques lignes à la manière de les pratiquer.

Époque des semis. — L'époque la plus favorable *a priori* pour confier les graines de nos différentes espèces fruitières au sol est celle qui correspond à la maturité des fruits; l'automne, fin septembre, courant d'octobre, est en général la saison la plus propice.

Il est bon toutefois de faire remarquer que les semences livrées ainsi à la terre en cette saison sont exposées soit à pourrir par excès d'humidité dans un sol incomplètement assaini, soit, au contraire, à être dévorées par les animaux rongeurs. Les gels et les dégels successifs sur un sol non recouvert de neige, pendant l'hiver, peuvent aussi compromettre très sérieusement la germination des graines existantes à la surface du sol et exposées ainsi à toutes les intempéries et aux froids les plus rigoureux.

Pour éviter ces inconvénients, nous conseillons

d'exécuter les semis au printemps, en mars, avril, en ayant soin de *stratifier* les graines à l'automne.

Cette opération d'une extrême simplicité présente de nombreux avantages pour les semences qui demandent beaucoup de temps à germer. Elle se fait dans des vases, dans des paniers, ou dans des tonneaux défoncés par un bout, de dimensions et de capacité en rapport avec le volume de semence que l'on veut leur confier. Les graines y sont disposées par lits successifs alternant avec des couches de sable ou de terre légère. On commence d'abord par mettre un lit de sable, puis un lit de graines, une couche de sable, une couche de graines, ainsi de suite jusqu'à ce que les graines soient toutes utilisées, ou les vases remplis. Ces derniers sont ensuite enterrés au pied d'un mur exposé au nord, où ils seront protégés contre les grands froids par d'abondantes litières. Ce n'est que lorsqu'on s'aperçoit que les graines commencent à germer, en mars, avril, quelquefois plus tôt, qu'il faut se hâter de les distribuer dans le sol, en mélange avec le sable ou la terre qui alterne avec les couches de graines. Ces semis se font en rayons profonds de 4 ou 5 centimètres, pas trop drus, si les plants doivent rester en place, en pépinière toute une année.

Les graines volumineuses, telles que les noyaux de pêches, d'abricots, d'amandes, peuvent être placées directement en place, *après stratification*, cela va sans dire, à l'endroit même où les jeunes sujets seront greffés.

Lorsqu'on a beaucoup de graines à stratifier, au lieu d'employer des vases il est plus commode et plus expéditif d'opérer en plein air, ce qui ne change absolument rien à la manière de faire. On forme des tas parallélogrammiques qu'on a soin de protéger contre les animaux rongeurs, lesquels pourraient sans cela y élire domicile.

Les graines qui ont des enveloppes dures, osseuses, comme les noyaux de pêches, de prunes, de cerises, d'amandes, etc., seront stratifiées dans le courant d'octobre, les graines *pépins* ne le seront qu'en janvier.

Quel que soit le procédé employé, les plantes provenant de graines semées en pleine terre ou en pots à l'automne, ou au printemps après stratification, sont arrachées avec précaution ; on supprime l'extrémité de toutes les racines, réduites bien souvent au pivot unique, dès que la plante a développé trois feuilles et avant l'apparition complète de la quatrième ; on en diminue la longueur d'un tiers à l'aide d'un canif ou de ciseaux bien affilés.

L'opération terminée, les jeunes sujets sont plantés séparément dans des pots de 16 centimètres de diamètre remplis de bonne terre et préparés à l'avance. Les pots sont ensuite enterrés les uns à côté des autres dans une terre labourée. Pour favoriser la reprise de ces jeunes *égrins*, ainsi mutilés, on leur procure, pendant quelques jours seulement, un ombrage factice, à l'aide de paillassons ou de toiles. Chez M. Tourasse, c'est au moyen d'un hangar roulant sur rails qu'ils sont abrités jusqu'à la reprise. L'application d'un paillis de fumier aux 3/4 décomposé termine l'opération.

Ce n'est pas tout; lorsque les plants ont atteint 15 centimètres de hauteur, ce qui arrive environ deux mois après le premier repiquage, ils sont déplantés à nouveau, pour permettre la suppression des extrémités de toutes les racines nouvellement formées. Le deuxième repiquage s'effectue en pleine terre, ou mieux en paniers grossièrement tressés, de 25 centimètres de diamètre; ces derniers sont enfouis à 30 centimètres les uns des autres dans un sol ameubli convenablement et bien exposé.

Après avoir paillé et arrosé toute la surface, les jeunes plants sont ombrés pour quelques jours, comme la première fois. Si au lieu de pratiquer la plantation dans des paniers, elle a lieu en plein carré, on conserve néanmoins la même distance entre les jeunes sujets.

Il ne reste plus qu'à opérer la plantation, en place définitive, à l'automne de la même année ou au printemps de l'année d'après, suivant les cas.

Par ce moyen on obtient des arbres qui fructifient bien plus tôt; M. Tourasse a obtenu ainsi des poires sur un semis de deux ans. C'est une exception, dira-t-on, c'est possible, mais dès lors que les francs non repiqués ne fructifient qu'après dix, douze et même quinze ans, il faut bien convenir que l'avance est considérable et le procédé avantageux, si nous obtenons des fruits des *égrins* repiqués, après trois, quatre et cinq ans de semis.

Dans la majorité des cas, les semis d'arbres fruitiers sont exécutés pour produire des sujets destinés à fournir des porte-greffes, et à ce point de vue ces derniers repiqués successivement, comme il a été dit, peuvent rendre de très grands services, les variétés greffées ainsi acquérant elles-mêmes la propriété de fructifier plus tôt.

Marcottage. — Le marcottage est une opération couramment employée en arboriculture fruitière pour se procurer des sujets destinés à être greffés, ou pour multiplier les variétés d'espèces qui se prêtent à ce genre de propagation. Dans ce dernier cas, il a l'immense avantage sur le semis de transmettre intégralement les propriétés et les caractères de l'espèce ou de la variété multipliée.

Le marcottage consiste à coucher en terre une branche ou un rameau pour favoriser l'émission de racines adventives sur la partie enterrée. Le rameau ainsi couché constitue une *marcotte* (fig. 1).

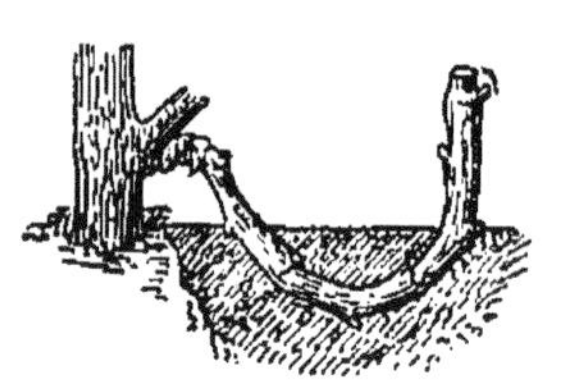

Fig. 1. — *Marcottage ordinaire.* Sarment de vigne couché en terre dont l'extrémité libre est relevée à angle droit.

En général l'émission des racines suffisantes pour permettre à la branche ou au rameau de vivre de sa vie propre se fait pendant la première année de végétation.

L'époque du marcottage la plus favorable est le printemps, en mars-avril, au moment de la reprise de la végétation active.

L'opération du marcottage est une des plus simples dans l'art de multiplier les plantes. Dans le plus grand nombre des cas, elle s'effectue à l'endroit même où se trouve la plante à marcotter. Pour la pratiquer, on ouvre à une certaine distance du pied mère une rigole, profonde de 8 ou 10 centimètres, au fond de laquelle on couche le rameau, dont l'extrémité libre est relevée autant que possible à angle droit (fig. 1). La rigole est ensuite comblée sur tout le parcours du rameau couché.

Ce procédé de marcottage a reçu dans le langage

des arboriculteurs le nom de marcottage simple, ou *provignage* lorsqu'il est appliqué à la vigne.

Toutefois il est bon de dire qu'on établit une petite différence entre le *provin* et la *marcotte*. Cette dernière est susceptible d'être détachée, *sevrée*, comme on dit, du pied mère, tandis que le rameau *provin* conserve toujours son point d'attache avec lui.

Comme on le voit, la différence est tellement subtile qu'on a peine à la remarquer. Si les rameaux sont assez longs et assez flexibles, comme cela se rencontre chez l'aristoloche, la glycine, etc., voire même la vigne, pour être ainsi couchés et relevés plusieurs fois dans une tranchée, de façon à former plusieurs arceaux au-dessus du sol, le mode de marcottage est alors appelé *M. en serpenteaux* ou *M. en arceaux*.

Lorsque la partie enterrée a développé suffisamment de racines adventives pour qu'elle puisse vivre isolément, on sépare la marcotte du pied mère; cette opération prend le nom de *sevrage*.

Enfin, un autre procédé de marcottage qui rend de très grands services en arboriculture fruitière dans la multiplication de quelques-unes de nos essences est celui qui est désigné sous le nom de *Marcottage en cépée*.

Pour le pratiquer, il suffit de supprimer, à 15 centimètres au-dessus du sol, au printemps, avant la reprise de la végétation, la tige d'un arbre, arbrisseau ou arbuste, pour provoquer l'apparition de nombreux bourgeons. Si la tige ainsi *recepée* porte quelques ramifications sur la partie restante, celles-ci sont *ravalées* à la serpette, tout près de leur insertion sur la tige.

Une tige ainsi réduite ne tarde pas à émettre, sur la partie conservée, de nombreux bourgeons adventifs qui prennent, dans la majorité des cas, assez de développement pour pouvoir être buttés vers le mois de juin. Alors on dispose de la terre bien émiettée en forme de butte autour de la tige, de manière à recouvrir la base de tous les bourgeons un peu lignifiés, sur une hauteur de 10 à 15 centimètres.

A l'automne de la première année, quelquefois de la deuxième, chaque rameau a déjà émis des racines adventives sur son empâtement, en nombre suffisant pour permettre son isolement au moyen d'un *éclatage* et former un sujet distinct.

Les cognassiers, les pommiers, *paradis* et *doucin*, les pruniers, mirabelliers et quetschiers se prêtent très bien à ce mode de marcottage.

Toutes les marcottes que l'on obtient au moyen des divers procédés que nous avons passés en revue, se plantent à racines nues après avoir été sevrées. Dans nombre de cas il peut être avantageux de planter en motte. Pour obtenir les marcottes dans des conditions permettant ce résultat, il suffit de faire passer le ou les rameaux à marcotter à travers les mailles d'un panier grossièrement tressé qu'on aura enfoui dans le sol et rempli de bonne terre.

Cette façon d'opérer, surtout pratiquée pour la vigne, permet de transporter la marcotte après sevrage à l'endroit même où elle doit être plantée sans déranger en rien les racines.

Il y a des plantes dont les rameaux, sans être réfractaires au marcottage, émettent difficilement, dans la portion enterrée, des racines adventives.

Pour en provoquer la sortie, on fait subir aux rameaux en terre différentes mutilations. C'est ainsi que l'on incise longitudinalement ou transversalement le rameau, que l'on enlève circulairement une portion d'écorce, que l'on tord le rameau pour en briser les fibres, qu'on le fend de part en part.

Toutes ces pratiques ont pour objet de faire apparaître dans les endroits mutilés un nouveau tissu cellulaire d'où partiront les racines.

Ainsi pratiqué, le marcottage prend le nom de *M. compliqué*.

Bouturage. — Le bouturage est une des pratiques les plus employées en horticulture pour propager de nombreux végétaux. Comme le marcottage, il reproduit les caractères des espèces ou des variétés qui se prêtent à ce genre de multiplication.

Rigoureusement tous les organes des végétaux peuvent être bouturés; l'essentiel est de les placer dans un endroit convenable où la chaleur, l'humidité, la lumière et l'air leur sont donnés dans des proportions qui varient suivant les espèces et les organes bouturés. Non seulement les organes en entier se prêtent au bouturage, mais encore des fragments d'organes quelquefois très réduits.

Théoriquement on entend par *bouture* une portion quelconque d'une plante que l'on place isolément dans un milieu approprié en vue de lui faire développer des racines adventives et quelquefois aussi en même temps des bourgeons adventifs.

En arboriculture fruitière, les parties bouturées des plantes sont surtout des rameaux ou des fragments de rameau.

Les espèces fruitières qui s'y prêtent le mieux

sont : la vigne, le cognassier, les groseilliers et les pruniers myrobolan et autres.

On a beaucoup parlé dans ces dernières années du bouturage du pommier comme moyen pratique de propager une variété connue; il ne semble pas jusqu'alors démontré que ce soit un moyen qui réussisse sous tous les climats. Nous laisserons donc cette pratique de côté lorsque nous nous occuperons, au chapitre *Cultures spéciales*, de la multiplication du pommier.

On choisira des rameaux d'un an, aoûtés, bien lignifiés; la longueur de la bouture est variable suivant l'aptitude de l'espèce à émettre des racines adventives. La vigne, par exemple, se multiplie avec facilité au moyen d'un fragment de rameau muni d'un seul œil, de chaque côté duquel on ménage un centimètre de bois. La bouture ainsi faite est connue sous le nom de *bouture anglaise* ou *bouture d'un seul œil* (fig. 2).

Fig. 2. — Bouture à un seul œil ou bouture anglaise.

Dans la majorité des cas, deux yeux enterrés et deux yeux hors du sol fournissent une longueur suffisante pour une bouture (fig. 3).

Fig. 3. Bouture de vigne avec sarment ordinaire. — B. simple.

Lorsque sur les rameaux les *mérithales* sont très rapprochés, il est souvent avantageux de leur en laisser un plus grand nombre, pour donner plus de longueur à la partie enterrée et obtenir ainsi plus de fixité dans le sol; mais, même dans ces conditions, on n'en laisse pas plus de deux ou trois hors de terre.

Dans la vigne, les rameaux destinés à être bouturés sont souvent décortiqués sur une longueur correspondante à la partie qui doit être placée en terre, en vue de favoriser l'émission de racines adventives; elle prend alors le nom de *bouture écorcée*.

Le bouturage se fait à l'automne ou au printemps.

Les rameaux coupés à l'automne après la chute des feuilles sont mis en bottes, puis enterrés le long d'un mur au nord, où ils restent jusqu'en mars ou avril, époque à laquelle ils seront piqués en pépinière à 15 ou 20 centimètres en tous sens, dans un sol meuble et bien préparé. L'endroit occupé par ces boutures est tenu propre et exempt de mauvaises herbes. Un paillis de fumier aux trois quarts décomposé et des arrosages à propos sont les seuls soins d'entretien à leur donner.

Bien que les boutures d'un seul œil appliquées surtout à la vigne se fassent plutôt en serre ou sur couche chaude, elles peuvent cependant l'être en pleine terre sous cloches à bonne exposition. Dans ce dernier cas, il y a intérêt à les laisser passer un an en pépinière, à 25 centimètres en tous sens, avant de les planter en place.

Greffage. — En arboriculture fruitière il n'y a pas de procédé de multiplication qui puisse rivaliser d'importance avec le greffage. L'immense avantage qu'il a sur tous les autres, c'est de permettre la propagation de variétés d'espèces fruitières qui ne peuvent l'être par les autres méthodes précédemment étudiées. Indépendamment de cela, il permet, par le choix judicieux des sujets, de faire vivre et fructifier des variétés fruitières dans des conditions de milieu et de sol qui leur sont, sinon contraires, tout au moins peu favorables. C'est ainsi par exemple que nos variétés de cerisiers sont moins exigeantes sur la nature du sol, greffées sur *Cerasus Mahaleb*, ou cerisier Sainte-Lucie, que sur merisier, *Cerasus avium* ou *Prunus avium*. Il en est de même du poirier et du pêcher sur cognassier et sur prunier; le greffage permet aux variétés de ces deux espèces de croître et de fructifier dans des terrains où ne vivrait pas l'amandier et où se comporterait mal le poirier franc.

Définition. — Le greffage est l'ensemble des opérations qui ont pour objet d'insérer une partie d'une plante, le *greffon*, sur une autre plante, le *sujet*, de façon à permettre à celui-ci de fournir au greffon les éléments essentiels, indispensables à son accroissement; l'opération terminée est appelée *greffe*.

Théorie de la greffe. — La théorie de la greffe repose sur le principe suivant : Un végétal a la propriété, lorsque certaines parties de ses tissus sont mises au contact des mêmes tissus d'un autre végétal, de se souder et de faire corps avec lui. Cette propriété existe non seulement entre deux plantes entières, mais encore entre deux fragments de plantes, comme cela se fait dans la *greffe-bouture* de la vigne; ce dernier cas est plutôt l'exception.

Conditions de réussite. — Il faut, pour que l'opération ait des chances de succès, que le greffage soit exécuté entre plantes dicotylédones, la greffe entre monocotylédones n'ayant jamais été observée. Les deux individus à greffer seront proches parents, même famille au moins ; ils pourront être de genres différents, comme pour le poirier et le cognassier, le pêcher et le prunier; le greffage d'espèces et de variétés de même espèce entre elles n'offre aucune difficulté, la facile réussite de nos variétés de poiriers sur poirier sauvage en est une preuve évidente.

Ce n'est pas tout; il est de la plus grande importance que les parties rapprochées, sujet et greffon, coïncident entre couches *parfaitement définies*. Il ne suffit pas en effet que le ligneux ou les parties herbacées du sujet (écorce) coïncident avec les parties herbacées du greffon; il faut qu'il y ait rapprochement intime *entre les couches génératrices* des deux individus, seules capables de s'agréger; or ces dernières peuvent se trouver plus ou moins éloignées de la périphérie des écorces, suivant l'épaisseur des couches libériennes.

En tenant compte de ces prescriptions et avec un greffon muni d'un ou de plusieurs yeux bien conformés, il ne manque plus que l'habitude pour réussir toutes les greffes. Une ligature pour maintenir les parties étroitement embrassées, et quelquefois l'application d'un engluement pour empêcher l'action de l'air sur les parties mises à nu terminent l'opération.

Dans l'exposé succinct que nous allons faire du greffage, nous passerons sous silence les quelques greffes qui ont été reconnues possibles et qui doivent être rangées parmi les bizarreries que présente parfois ce mode de multiplication; ce serait sortir du cadre qui nous est réservé dans cet ouvrage que d'y insister.

Outils et accessoires divers nécessaires pour le greffage. — Les outils dont nous allons parler d'une façon très sommaire servent non seulement à l'exécution des différentes greffes, mais aussi à la taille des arbres fruitiers; une rapide description nous permettra de ne plus y revenir lorsque le moment sera venu d'exposer les opérations diverses de la taille.

Greffoir. — Le greffoir est un outil extrêmement précieux pour l'écussonnage et la préparation des greffons de toutes sortes; on s'en sert aussi dans nombre de cas pour exécuter tous les genres de greffes sur de petits sujets; la lame en est élargie à l'extrémité, la pointe est rejetée en arrière, et le manche est en spatule.

Serpette. — La serpette est un des outils dont on peut le moins se passer dans une pépinière; elle sert à couper les rameaux-greffons, à parer les plaies, après le passage de l'égoïne et à exécuter de nombreuses greffes.

C'est un des meilleurs outils pour la taille; malheureusement, pour s'en servir avec adresse il faut en avoir une longue habitude.

Scie à main ou Egoïne. — L'égoïne déchire les tissus; aussi doit-on s'en servir avec modération. Elle ne doit être employée que pour supprimer les grosses branches ou la partie supérieure des gros sujets; encore doit-on *toujours* parer les plaies à la serpette.

Couteau à greffer. — Spécialement fait pour exécuter les greffes sur des sujets déjà forts, il n'est employé que lorsque la serpette est insuffisante pour fendre les tiges ou les branches.

Sécateur. — Très utile pour la taille et la récolte des greffons, jamais il ne faut l'employer dans la pratique des greffes, l'action du croissant sur les tissus ayant pour effet de les écraser.

Ligatures. — Sans être indispensables dans toutes les greffes, les ligatures sont nécessaires dans la majorité des cas pour maintenir le greffon plus intimement uni sujet.

Les meilleures ligatures sont suffisamment élastiques pour se prêter au grossissement du sujet, sans s'allonger ou se raccourcir trop sous l'influence des variations atmosphériques.

Les plus employées sont : le *coton*, la *laine*, le *Raphia*, la *Spargaine rameuse*, l'*écorce de tilleul* et les *vieilles cordes effilochées.*

La laine est assez extensible, mais lorsqu'elle est arrivée à son dernier degré d'allongement elle résiste à l'accroissement du sujet et pénètre dans les tissus si l'on n'a pris soin de la couper avant.

Toutes les ligatures seront surveillées, défaites ou coupées, au moment opportun, dans tous les genres de greffage.

L'écorce de tilleul et la corde effilochée sont des ligatures dont l'emploi est presque exclusif sur des sujets forts.

Engluements. — Pour avoir le plus de chances de succès, il est prudent, après l'exécution de la plupart des greffes, d'abriter à l'aide de matières diverses les plaies occasionnées par l'opération.

Deux engluements, très anciennement connus et qui rendent de grands services à la campagne, sont la terre glaise et l'*onguent de Saint-Fiacre.* La préparation du premier est des plus simples; on prend de l'argile que l'on délaye jusqu'à consistance d'une boue épaisse, afin qu'appliquée tout autour de la greffe, elle y adhère sans couler. Il ne reste plus qu'à préserver cette argile, devenue malléable, à l'aide de vieux linge ou de mousse, pour que l'ardeur du soleil ne la crevasse pas ou que les pluies ne la détrempent au point de l'entraîner.

L'*onguent de Saint-Fiacre* s'applique de la même manière; sa composition diffère de la précédente par l'adjonction d'un 1/3 de bouse de vache à 2/3 de terre glaise.

Nous avons maintenant les mastics à chaud et à froid dont les propriétés varient suivant les proportions de matières premières employées : cire, résine et saindoux, additionnés de cendre ou de poussière.

Nous donnons ci-dessous la recette pour la préparation de 2 mastics dont l'un s'emploie à chaud et l'autre à froid; nous les empruntons au *Traité de la taille des arbres fruitiers*, par M. Hardy, ancien directeur de l'Ecole nationale d'horticulture de Versailles.

Mastic à employer à chaud. — On fait fondre dans un vase de terre sur le feu 500 grammes de poix blanche de Bourgogne, 120 grammes de poix noire, 120 grammes de résine, 100 grammes de cire jaune, 60 grammes de suif; on mélange le tout pendant la fusion. Chaque fois qu'on veut se servir de cette composition, on pose le vase qui la contient sur un feu doux, puis on l'applique avec une spatule ou un pinceau, lorsqu'elle est suffisamment liquéfiée, sans être trop chaude, afin de ne pas nuire aux tissus.

Mastic à employer à froid. — On fait fondre également sur le feu, et l'on mélange pendant la fusion, 500 grammes de cire jaune, 500 grammes de térébenthine grasse, 250 grammes de poix blanche de Bourgogne et 100 grammes de suif; on en fait des bâtons que l'on enveloppe dans un linge ou du papier, et lorsqu'on veut l'employer, on en prend un morceau que l'on pétrit entre les doigts jusqu'à ce qu'il soit suffisamment ramolli. Les quantités de matières premières de ces deux compositions, d'une résistance parfaite aux intempéries des saisons, sont diminuées ou augmentées à volonté.

Une troisième formule, qui se rapproche beaucoup du mastic l'Homme le Fort, nous a toujours donné de très bons résultats; nous la recommandons vivement à l'attention de nos lecteurs. On fait fondre d'abord dans un même vase, sur un feu doux, au bain-marie si possible, 400 grammes de poix résine et 400 grammes de poix noire. Lorsque la fusion est terminée, on retire le mélange du feu pour y incorporer 100 grammes d'essence de térébenthine, puis 150 grammes d'alcool; cette addition doit se faire lentement en remuant constamment à l'aide d'une spatule. Ceci fait, il ne reste plus qu'à ajouter à ce mélange 200 grammes de blanc d'Espagne, qui peuvent être remplacés par le même poids de cendre de bois tamisée. Il peut se faire que ce mastic soit trop fluide ou trop compact; dans le premier cas on ajoute suffisamment de cendre ou de blanc d'Espagne pour le ramener au degré voulu; dans le deuxième cas il suffit d'incorporer au mélange un peu plus d'alcool.

Ce mastic s'emploie à froid en tous temps.

Différents procédés de greffage. — Tous les procédés de greffage connus peuvent être classés dans trois groupes : *Greffe par approche*, *G. par scion détaché* ou individualisé et *G. à un seul œil*, appelée *G. en écusson*.

Le premier de ces groupes comprend tous les procédés dans lesquels les greffons ne sont isolés de la plante qui les porte qu'après certitude de l'accolement par le sujet ; la séparation, comme dans le marcottage, constitue le *sevrage*.

Dans le deuxième et le troisième groupe, les greffons sont isolés du pied mère avant l'opération du greffage, et insérés, avec toutes les précautions voulues, sur les sujets qui doivent fournir les éléments nécessaires à leur croissance. En général les greffes par scion détaché sont plus aléatoires, mais par contre aussi d'une exécution plus rapide.

1er GROUPE. *Greffe par approche.* — Les greffes par approche sont très utiles et trouvent leur application en arboriculture pour remplir les places dégarnies de branches fruitières sur la charpente de nos arbres. Dans ce cas, le rameau greffon appartient le plus souvent à l'arbre même ou à la branche sur laquelle doit être faite la greffe.

Elles servent aussi à relier entre eux les cordons de pommiers et de poiriers d'une même ligne (fig. 4 et 6), à multiplier des espèces dont la soudure est plus difficile, quelquefois impossible, par tout autre procédé de greffage.

Greffe par approche ordinaire. — Pour l'effectuer, on ajuste le greffon, qui peut être herbacé, semi-ligneux ou ligneux, à l'endroit même où il doit être accolé ; après en avoir limité, avec la pointe du greffoir, la largeur sur l'écorce du sujet, sur une longueur dont l'opérateur est seul juge — 5 ou 6 cen-

Fig. 4. — Cordons de pommiers soudés ensemble au moyen de la greffe en approche ordinaire.

timètres suffisent, — on enlève cette lanière d'écorce, ainsi délimitée, sans toucher à l'aubier (fig. 5). Cela

Fig. 5. — Greffe en approche ordinaire. Détails de l'opération.

fait, on entaille le greffon sur une étendue correspondante, en largeur et en longueur, pour que les deux plaies juxtaposées coïncident parfaitement dans toutes leurs parties. Il ne reste plus ensuite qu'à appliquer une ligature pour maintenir le tout rapproché.

Il est inutile d'engluer la plaie, le greffon tenant encore au pied mère.

Fig. 6. — Cordons de pommiers soudés ensemble au moyen de la greffe en approche en *arc-boutant.*

Greffe par approche en arc-boutant (fig. 6). — C'est une variante de la greffe en approche ordinaire. Elle diffère de la précédente par la suppression, à

Fig. 7. — Greffe en approche en arc-boutant. Détails de l'opération.

une certaine distance d'un œil ou d'un bourgeon, de la partie supérieure du greffon, qu'on a soin de tailler en biseau allongé pour pouvoir l'introduire avec facilité sous l'écorce du sujet incisée en forme de T renversé (fig. 7).

On ligature comme pour la greffe en approche ordinaire, en ayant soin de ne pas emprisonner l'œil, qui doit rester apparent entre les lèvres de l'écorce.

Quatre ou cinq mois après, la reprise est assurée. On pourrait alors isoler le rameau greffon de son point d'attache; cependant il est prudent d'attendre le printemps et, dans nombre de cas, l'automne de l'année suivante.

La greffe par approche se pratique pendant tout le cours de la végétation active, du mois d'avril au mois de septembre.

2e GROUPE. *Greffe par rameaux détachés.* — Les différents modes de greffage qui rentrent dans ce groupe comportent tous, comme caractères communs, des greffons détachés du pied mère avant d'être insérés sur le sujet. Mais il n'en est plus de même des détails d'exécution, qui varient pour ainsi dire à l'infini et qui ont donné lieu de ce fait à un grand nombre de procédés de greffage qui sont loin d'avoir tous la même importance.

Les principaux sont : la greffe en fente, la greffe en couronne, la greffe en incrustation et la greffe anglaise.

Dans toutes ces greffes, le greffon doit avoir une longueur en rapport avec le nombre d'yeux qu'on lui conserve. Un seul œil suffit à la rigueur; on en laisse le plus souvent deux et au maximum trois, un plus grand nombre est plutôt nuisible qu'utile.

Greffe en fente simple (fig. 8). — La partie supérieure du sujet est supprimée à une certaine hauteur au-dessus du sol, à l'aide de la serpette ou de la scie;

dans ce dernier cas, la plaie est parée avec un outil tranchant.

La coupe est faite plane ou en biseau, taillée en bec de flûte. Après avoir fendu le sujet (fig. 9), autant

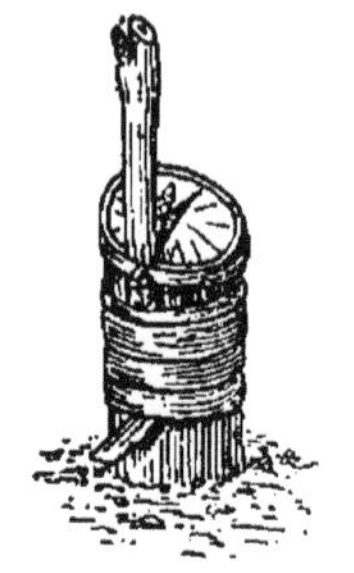

Fig. 8.
Greffe en fente simple.

Fig. 9.
Sujet fendu pour l'introduction du greffon.

que possible, d'un seul côté, avec un outil en rapport avec sa grosseur, greffoir, serpette ou couteau à greffer, on taille la partie inférieure du greffon en forme de double biseau, aminci d'un côté comme la lame d'un couteau ordinaire, sur une longueur de 3 ou 4 centimètres (fig. 10). On introduit ainsi le greffon dans la fente du sujet maintenue ouverte à l'aide de la pointe de l'outil, ou un coin de bois, en ayant soin de faire coïncider ensemble les couches génératrices.

Fig. 10. — Greffon taillé pour la greffe en fente.

Il ne reste plus qu'à ligaturer et à enduire la plaie de mastic.

Greffe en fente double (fig. 11). — Le sujet, après avoir été étêté, est fendu de part en part, suivant une ligne diamétrale aux extrémités de laquelle on place un greffon taillé et placé comme il a été dit pour la greffe en fente simple.

Au lieu de placer deux greffons, on pourrait en placer quatre, aux extrémités de deux fentes qui se couperaient à angle droit sur l'axe du sujet.

La ligature et le mastic sont de rigueur.

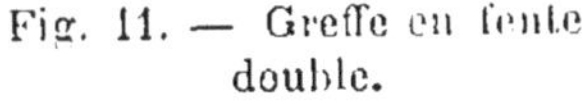

Fig. 11. — Greffe en fente double.

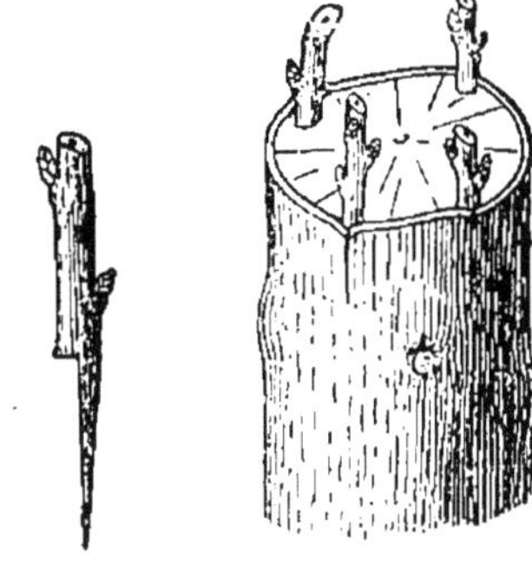

Fig. 12. — Greffe en couronne Détails de l'opération.

Greffe en couronne (fig. 12). — Quoique la greffe en couronne puisse être utilisée pour greffer de petits sujets; son application est plus spéciale aux arbres déjà âgés, à écorce rugueuse et déjà épaisse. Son nom lui vient de la disposition des greffons, toujours relativement nombreux, placés en cercle sur le sujet.

Le sujet est d'abord coupé horizontalement à la scie; après avoir soigneusement paré la plaie à la serpette, on prépare les greffons, qui doivent être munis de deux ou trois yeux au maximum; ces greffons sont taillés en biseau à plat d'un seul côté, sur une longueur de 2 centimètres 1/2 à 3 centimètres (fig. 12). Ainsi préparés, on les enfonce entre l'écorce et l'aubier de façon à faire coïncider la partie taillée de chaque greffon avec l'aubier du sujet. Le nombre des greffons à placer est plus ou moins grand, suivant la grosseur du sujet; en tout cas, il doit exister entre eux une distance de 3 à 4 centimètres.

Sur la tige ou les branches des individus très âgés, l'écorce est tellement épaisse qu'il est souvent difficile d'enfoncer le greffon entre l'écorce sans avoir, au préalable, préparé son logement. Dans ce cas, on marque l'emplacement de chaque greffon en dilatant l'écorce à l'aide d'une spatule en bois dur ou en ivoire.

Aussitôt après le greffage, il faut ligaturer et engluer.

Greffe anglaise (fig. 13). — Depuis qu'on cherche à lutter contre les ravages du phylloxera en lui opposant le système radiculaire des vignes américaines, plus résistant que celui de nos cépages français, la greffe anglaise a pris une extension considérable pour greffer nos vignes françaises sur vignes américaines.

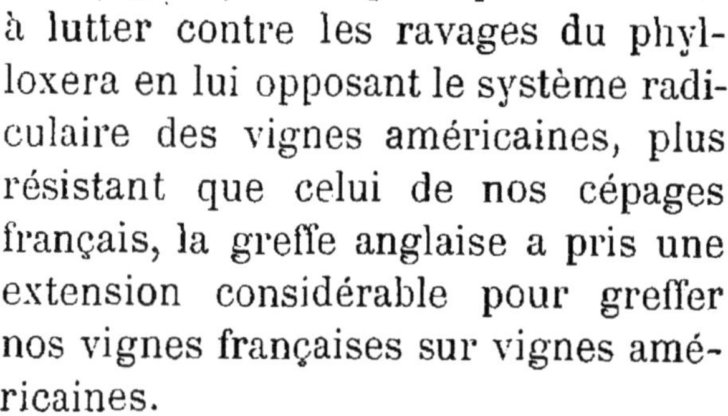

Fig. 13. — Greffe anglaise bouture (*Vigne*).

Le grand mérite de ce procédé est de fournir de nombreux points de contact susceptibles de s'agréger et de fournir une grande solidité. La greffe anglaise est surtout utilisée lorsque le sujet et le greffon sont de même grosseur.

Greffons et sujets doivent être taillés de la même manière : en biseau très allongé et sous le même angle (fig. 14), pour qu'étant ajustés celui-là semble être le prolongement de celui-ci (fig. 13).

Au tiers supérieur de la pointe de chaque biseau, on pratique à l'aide du greffoir une fente profonde de 2 cent. 1/2 à 3 centimètres; les languettes qui en résultent sont introduites l'une dans l'autre, en prenant soin de faire coïncider les couches génératrices, au moins d'un seul côté si le greffon n'est pas de même diamètre que le sujet. Il ne reste plus qu'à ligaturer et engluer.

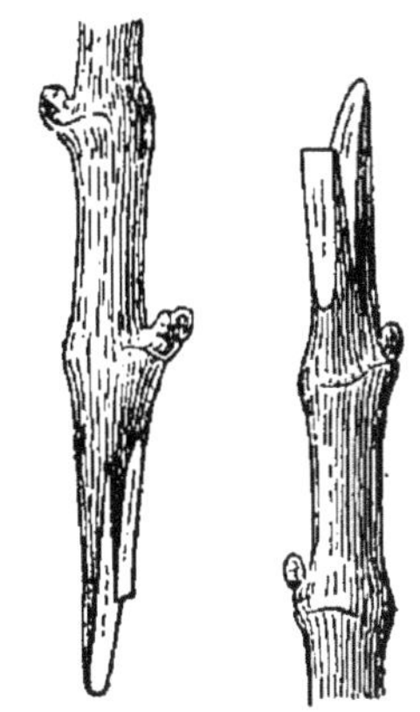

Fig. 14. — Greffe anglaise bouture (*Vigne*). Détails de l'opération.

Greffe en incrustation. — La greffe en incrustation est excellente aussi; elle demande seulement un peu d'habitude pour être bien faite. Dans quelques établissements, son emploi est général pour la multiplication des arbres et arbustes de toutes sortes.

Après avoir supprimé la tête du sujet, on pratique sur celui-ci une entaille triangulaire de forme telle qu'elle puisse recevoir un greffon taillé en coin. Le greffon, auquel on conservera la même longueur que pour les autres greffes, doit remplir exactement l'entaille faite sur le sujet. Bien faite, c'est une excellente greffe dont il ne reste pas trace de soudure. Comme pour la précédente, une ligature et l'emploi du mastic sont nécessaires.

Époque du greffage par rameaux détachés. — On pourrait, à la rigueur, greffer toute l'année. Seulement l'époque la plus habituelle est le printemps, en mars et avril; à l'automne elle donne de moins bons résultats dans beaucoup de cas.

Récolte et choix des greffons. — Les greffons seront des rameaux d'un an bien aoûtés, lignifiés, récoltés sur des arbres sains, vigoureux, possédant bien les qualités que l'on veut transmettre.

Leur récolte se fera avant l'hiver, après la chute des feuilles, fin novembre, décembre, pour les greffes devant être faites au printemps. Tous ces rameaux, réunis en bottes étiquetées soigneusement, passent l'hiver enterrés le long d'un mur au nord, abrités de feuilles ou de grandes litières.

Pour les greffes d'automne, les greffons sont récoltés au moment du greffage, en septembre; on a la précaution d'enlever aussitôt les feuilles.

3ᵉ GROUPE. **Greffe en écusson** (fig. 15). — La

Fig. 15. — Greffe en écusson.

Fig. 16. — Écusson prêt à être inséré sous les écorces.

greffe en écusson est une de celles qui rendent les plus grands services au pépiniériste dans la multiplication de nos espèces fruitières. C'est la plus expéditive, la plus solide et celle qui donne les meilleurs résultats.

L'écusson est un lambeau d'écorce assez étroit, muni d'un œil (fig. 16); il représente le dernier degré auquel on puisse arriver comme longueur du greffon. L'extrémité des sujets ou des branches à greffer n'est pas supprimée; on greffe en tête ou en pied.

Pour détacher ce lambeau d'écorce, ou écusson, il faut prendre de la main gauche le rameau greffon, placer l'index, pour former point d'appui, sous l'œil qui doit être enlevé; puis, le maintenant ainsi fixement, on place le pouce de la main droite à 2 centimètres environ de la base de l'œil qui doit être enlevé, de manière à permettre aux autres doigts d'avoir toute liberté d'action pour ajuster la lame à 1 centimètre au-dessus de l'œil et la faire mouvoir de haut en bas, à la façon d'une scie, entre l'écorce et le bois, jusqu'à ce qu'elle soit arrivée auprès du pouce de la main droite.

L'écusson ainsi séparé du rameau doit présenter à sa face inférieure une légère esquille d'aubier, pas trop épaisse, car si elle l'était, il faudrait l'enlever par un mouvement vif de haut en bas, en faisant attention que l'œil ne soit pas *vidé*. Dans cette dernière hypothèse, il ne faut pas hésiter à lever un autre écusson, car la reprise n'aurait aucun résultat.

L'écusson préparé comme il vient d'être dit, il ne reste plus qu'à le poser. Rien de plus facile : il faut d'abord choisir l'emplacement sur une partie bien lisse du sujet, puis pratiquer à cet endroit une double incision en forme de T (fig. 17). Ces deux in-

Fig. 17. — Écorce du sujet incisée en forme de T.

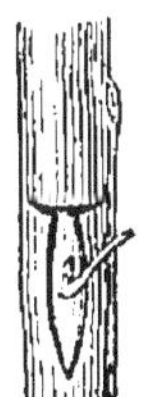

Fig. 18. — Écusson logé sous l'écorce.

cisions faites, les lèvres de l'écorce écartées à l'aide de la spatule du greffoir, on saisit l'écusson entre le pouce et l'index de la main gauche et on le pousse dans l'intervalle laissé par les lèvres de l'écorce entr'ouvertes, jusqu'à ce que la partie supérieure du greffon soit entièrement logée (fig. 18).

Une ligature de spargaine, de raphia, de coton ou de laine rapproche les lèvres et termine l'opération.

Epoque de l'écussonnage. — Choix des écussons. — Cette greffe se fait au début de la végétation, en avril-mai ; elle est dite alors *greffe à œil poussant*, parce que l'œil s'accole presque aussitôt et pousse la même année.

La greffe se pratique encore en juillet, août, septembre, époques auxquelles la végétation commence à se ralentir chez nos espèces fruitières. Dans ce dernier cas, l'œil ne se développe que l'année d'après; c'est pourquoi on lui donne le nom de *greffe à œil dormant*. Celle-ci est bien plus usitée que la première dans la multiplication de nos variétés d'arbres à fruits.

Les écussons sont pris sur des rameaux de l'année précédente, récoltés à l'automne ou pendant l'hiver, et conservés en cave, ou enterrés à l'abri d'un mur à l'exposition du nord, pour les greffes à *œil poussant*. Les écussons devant servir aux greffes à œil dormant proviennent, au contraire, de rameaux récoltés au moment même de l'opération, sur ceux de l'année, choisis parmi les mieux aoûtés. Aussitôt après les avoir recueillis, il est important de supprimer le limbe des feuilles, surface évaporante, tout en conservant une partie du pétiole qui facilite le maniement de l'écusson. A un autre point de vue, le pétiole a encore une autre importance : il nous permet de reconnaître plus tard, à son inspection, la reprise de la greffe. En effet, dix ou quinze jours après le greffage, si le pétiole se détache avec facilité, sous la simple pression du doigt, on est presque assuré de la réussite; au contraire, s'il résiste et qu'il soit ridé, la réussite est douteuse : il y a beaucoup à parier que l'écusson ne se soudera pas.

Les greffons récoltés en pleine végétation sont conservés à l'ombre, entourés d'herbe ou de mousse fraîche, ou enroulés dans une toile mouillée en attendant le moment de leur utilisation.

Soins à donner aux écussons. — Pendant la végétation, la surveillance se porte surtout sur les ligatures, qui doivent être supprimées quand on aperçoit qu'elles étranglent le sujet.

Dans la greffe à œil poussant, lorsque l'œil commence à se développer, il faut supprimer la partie du sujet qui se trouve au-dessus de lui, en plusieurs fois, ce qui est préférable, tout en conservant un onglet de 10 à 12 centimètres pour redresser le bourgeon et le protéger le cas échéant.

La suppression de la partie supérieure du sujet dans la greffe à œil dormant se fait en une seule fois au printemps de l'année qui suit celle du greffage. Comme pour celle du printemps, on ménage un onglet qui servira à accoler le bourgeon lorsqu'il aura 15 ou 20 centimètres.

Il est rare que cet onglet ne produise pas sur toute sa longueur des bourgeons adventifs; laissés en liberté, ils nuiraient considérablement au développement de la greffe; il est donc important de les supprimer, à l'exception des deux ou trois supérieurs, qui seront pincés, pour entretenir juste assez de vie dans l'onglet pour l'empêcher de se dessécher.

L'onglet est supprimé à la serpette ou à la scie au printemps de la deuxième année.

Greffe de boutons à fruits. — La greffe de

boutons à fruits se fait dans les mêmes conditions que l'écussonnage. Elle se pratique principalement sur les branches de charpente, directement ou sur les branches fruitières fortes (gourmandes) des poiriers ou des pommiers dénudés de branches fruitières ou momentanément infertiles (fig. 19). L'époque habituelle pour l'exécuter est juillet et août. On

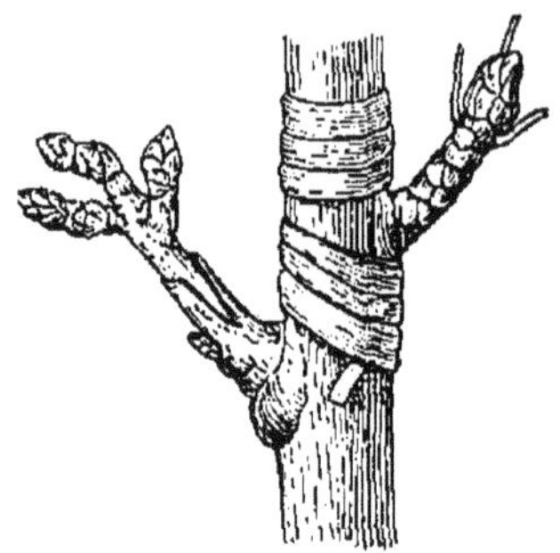

Fig. 19. — Greffe de boutons à fruits sur branches dénudées ou privées de productions fertiles.

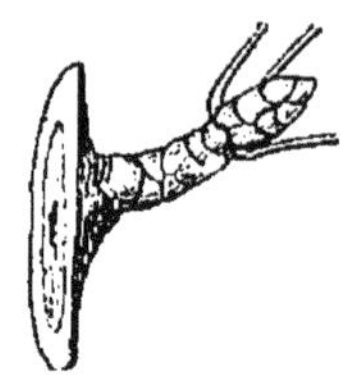

Fig. 20. — Dard, à l'aspect extérieur d'une lambourde, préparé à être introduit sous les écorces d'une branche ou d'une ramification.

choisit, sur un arbre de même variété ou de variété différente, des *dards* renflés (fig. 20), portant sept ou huit feuilles et dont l'aspect extérieur fait présumer qu'ils se transformeront en lambourdes l'année suivante. Ces *dards* sont détachés de la branche mère de la même manière que les écussons ordinaires, dont ils ont le même aspect général, ils sont seulement plus longs et plus larges. Le limbe de leurs feuilles est également supprimé.

L'écorce de la branche sur laquelle doit être faite l'opération est incisée en forme de T ou en incision cruciale : +, ce qui vaut mieux; après avoir écarté les lèvres corticales, on glisse l'écusson dans son logement.

Ce dard ou cette *lambourde*, comme on voudra, est la branche fruitière réduite à sa plus simple expression. Considérée comme telle, elle pourrait être plus compliquée, c'est-à-dire porter deux ou trois dards au lieu d'un (fig. 21), ce qui n'empêche pas de l'insérer de la même manière que celle réduite à un seul bouton, en ayant soin toutefois de choisir des jeunes branches ayant un talon à la base, pour qu'une fois appliquée elle fasse un angle assez ouvert avec la branche qui doit la porter.

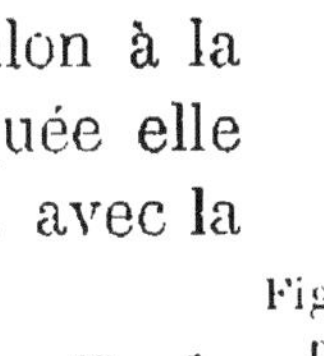

Fig. 21. — Petite ramification portant plusieurs lambourdes préparée pour le greffage.

Il est regrettable que la greffe de boutons à fruits ne soit pas d'un emploi plus général sur les arbres rebelles à la fructification, car c'est un des meilleurs moyens d'utiliser leur force en les obligeant à porter des fruits qu'on attendrait souvent en vain des autres procédés employés par les arboriculteurs.

II

DES FORMES APPLICABLES AUX ARBRES FRUITIERS

Les formes auxquelles on peut soumettre les arbres fruitiers dans nos jardins sont nombreuses. Elles peuvent toutes être rangées dans deux groupes : FORMES PALISSÉES, *espalier* et *contre-espalier*, et FORMES LIBRES ou *Formes de plein air*.

Avant de passer en revue les principales formes qui rentrent dans ces deux groupes, disons d'abord que l'on entend par *espalier* (fig. 22) un arbre appliqué sur la surface d'un mur, réel ou artificiel, dans le but de le faire bénéficier de l'exposition et de l'abri qu'il lui procure.

C'est au moyen des espaliers qu'on obtient les plus beaux fruits et qu'il est possible dans bien des circonstances de cultiver avantageusement quelques variétés délicates qui ne sauraient fructifier autrement et y produire des fruits sains.

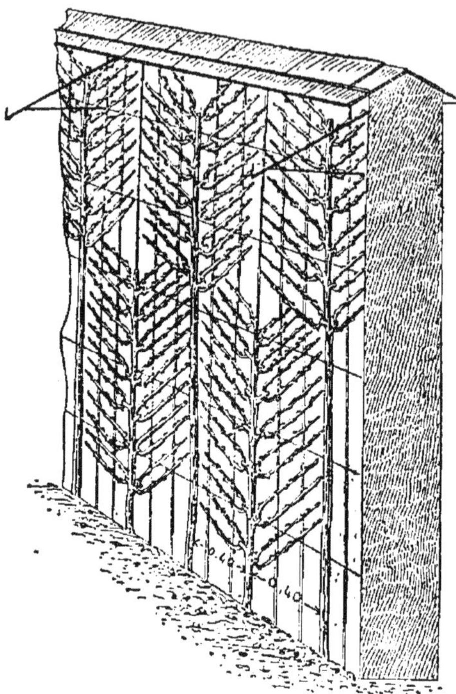

Fig. 22. — Mur d'espaliers muni de ses consoles destinées à supporter les auvents.

Nous avons, par exemple, des variétés de poiriers et de pommiers qui nécessitent impérieusement dans le nord, sous le climat de Paris, l'abri d'un mur à bonne exposition.

L'espalier nous permet aussi de cultiver la vigne à des altitudes où il ne serait pas possible d'obtenir des fruits à pleine exposition.

Les contre-espaliers au contraire sont des arbres dont les branches de charpente sont *palissées* sur un treillage non appliqué contre un mur. Ces treillages, composés de fils de fer tendus horizontalement, supportent de petites lattes en sapin débitées à la scie, et sont généralement dirigés parallèlement aux murs de clôture.

Formes palissées. — Les principales formes qui peuvent être classées dans l'*espalier* et le *contre-espalier* sont, en allant du simple au composé :

1° *Le cordon vertical*, qui est la forme réduite à sa plus simple expression. Il est composé d'une tige unique portant, à droite et à gauche, des branches fruitières (fig. 23).

Les arbres qui servent à former des cordons verticaux doivent appartenir à des variétés à faible développement et être greffés sur des sujets particuliers, dont nous aurons à parler aux *Cultures spéciales*.

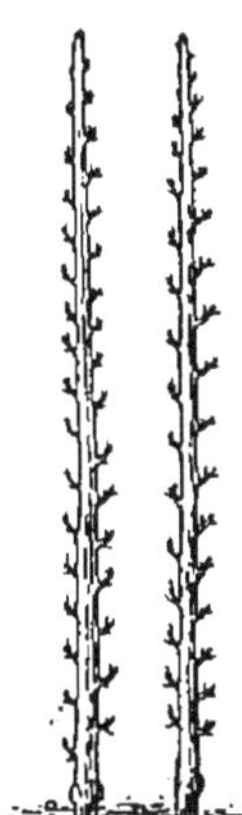

Fig. 23. — Cordons verticaux.

Fig. 24. — Cordons obliques.

2° *Le cordon oblique.* — Aucune différence avec le précédent, si ce n'est que la tige unique forme un angle de 45° avec le sol (fig. 24).

3° *Le cordon horizontal.* — Comme le cordon vertical, il est composé d'une tige unique coudée à une

Fig. 25. — Cordons horizontaux.

certaine hauteur pour lui faire prendre la direction horizontale (fig. 25).

Bien qu'employé presque exclusivement pour diriger le pommier et le poirier en bordure d'allée, nous pouvons le comprendre dans cette catégorie, car il faut pour diriger sa tige un support en fil de fer.

4° *La forme en* U. — Très simple, elle se compose de deux branches verticales auxquelles on fait prendre, lorsqu'elles sont encore à l'état herbacé, la forme qui lui a valu son nom (fig. 26).

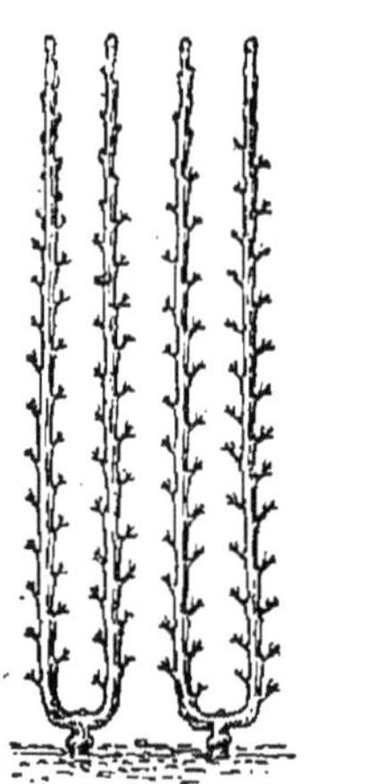

Fig. 26. — Formes en U.

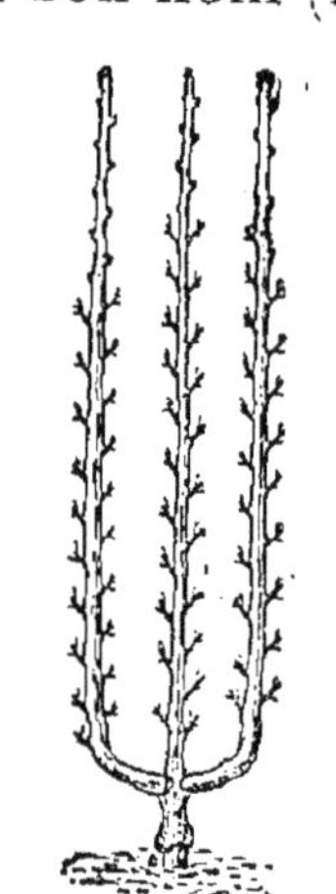

Fig. 27. — Palmette à 3 branches verticales ou palmette Verrier à 1 série.

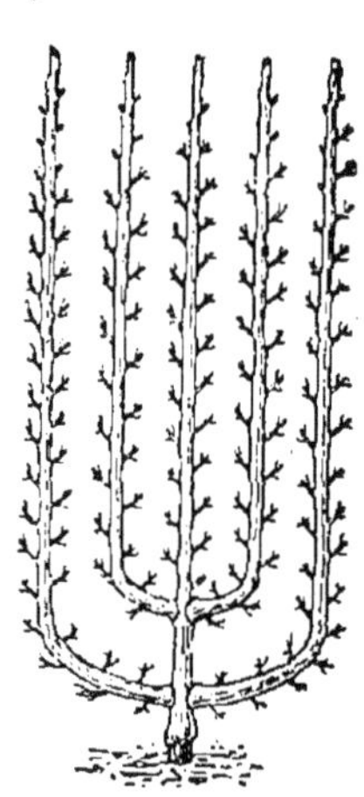

Fig. 28. — Palmette à 5 branches verticales ou palmette Verrier à 2 séries.

5° Enfin, les *palmettes à branches verticales* à 3, 4, 5, 6, 7 et 8 branches et plus sont encore d'excellentes formes (fig. 27 et 28).

6° *La palmette à branches horizontales.* — Précieuse pour les murs de peu d'élévation, elle est composée d'une tige centrale sur laquelle on prend à droite et à gauche, par des tailles successives, des branches distancées entre elles de 30 centimètres, qu'on dirige obliquement pour les abaisser plus tard presque horizontalement (fig. 29).

7° *Le vase* est encore une bonne forme, mais qui se rencontre peu maintenant dans les jardins. On lui reproche, avec raison peut-être, d'occuper beaucoup de place. Il faut tenir compte cependant que les arbres dirigés ainsi sont bien éclairés et parfai-

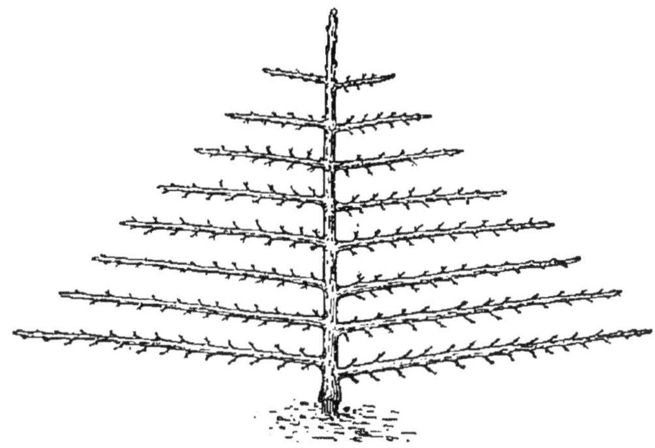

Fig. 29. — Palmette à branches horizontales.

tement aérés; c'est une des causes qui en rendent les fruits beaux et abondants.

Formes libres ou de plein air. — En première ligne il faut citer la *pyramide* ou *cône*, qui est une de nos plus anciennes formes. Sa réputation n'est plus à faire, car les arbres élevés ainsi sont très ornementaux en même temps que très fertiles; malheureusement elle demande de l'habileté pour être bien faite. Elle est composée d'une tige verticale sur laquelle sont disposées des branches secondaires qui sont d'autant plus courtes qu'elles sont plus éloignées du sol (fig. 30).

On admet en principe qu'une pyramide bien faite doit avoir, dans sa plus forte largeur, à la base le tiers de sa hauteur. Une pyramide de 2 mètres de diamètre devrait donc avoir une hauteur de 6 mè tres ; à notre avis ces dimensions sont un peu excessives ; des pyramides de 5/2, voire même de 4/2 sont très décoratives.

Une autre forme très voisine est la pyramide à ailes, dont les branches de chaque série se trouvent toutes dans les mêmes plans verticaux. Elle est un peu plus difficile à obtenir. Nous n'en parlerons pas dans cet ouvrage élémentaire.

1° *Le fuseau.* — Le fuseau est un diminutif de la pyramide.

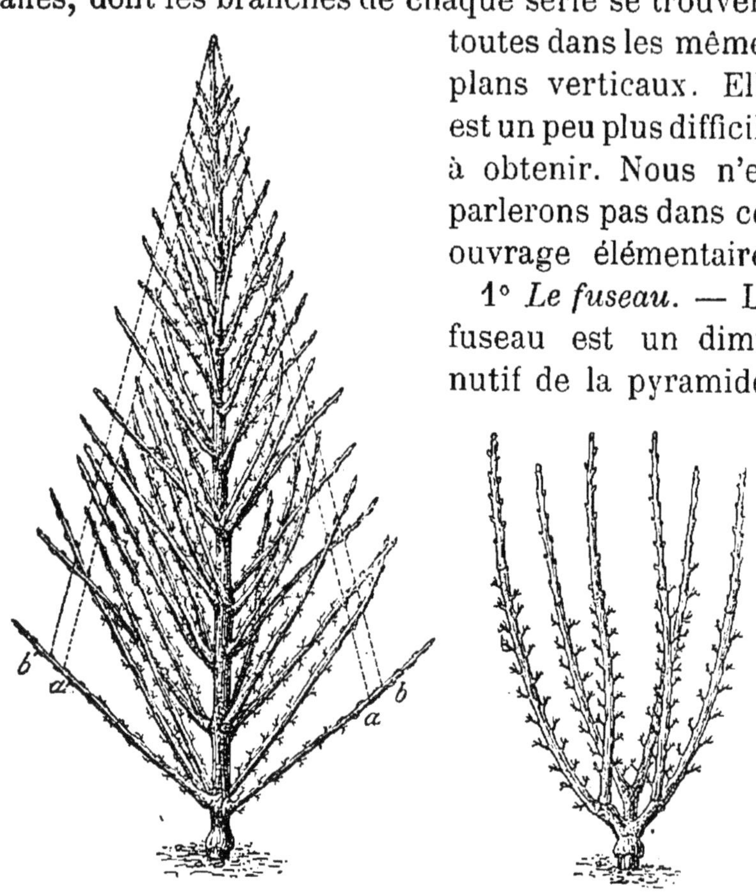

Fig. 30. — Pyramide ou cône. Fig. 31. — Gobelet.

Composé également d'une tige verticale, ses branches de charpente sont plus nombreuses et plus courtes. C'est une excellente forme à adopter dans les jardins de moyenne grandeur.

2° *Le gobelet.* — Le *gobelet* est encore un vase dont les branches charpentières ne sont [pas palissées; sa différenciation d'avec le vase n'est donc pas très grande. Il est regrettable que le gobelet ne soit pas plus en faveur, car il est très facile à obtenir, et les fruits qu'il porte deviennent beaux (fig. 31).

3° *Haute tige.* — La haute tige est la forme adoptée pour élever les arbres destinés à la création des vergers. Elle est composée d'une tige verticale sans ramifications jusqu'à une certaine hauteur; au delà, on laisse croître en liberté les branches devant former la tête de l'arbre.

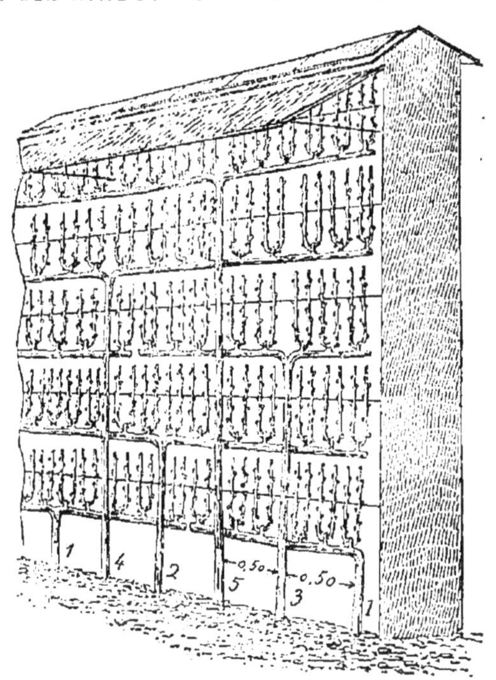

Fig. 32. — Thomery ou cordons de vigne bilatéraux.

Lorsque le jardin fruitier est étendu, il sera toujours avantageux de réserver quelque endroit pour planter des arbres à haute tige, car il ne faut pas oublier que nous avons des arbres fruitiers, tels que le prunier, le cerisier et l'abricotier, qui ne prospèrent bien qu'autant qu'ils sont laissés libres dans leur végétation.

Nous allons terminer la liste des principales formes applicables aux arbres fruitiers par celles adoptées pour la vigne dans les jardins, connues sous le nom de *treilles*.

1° *La Forme Thomery*, qui pourrait être appelée

cordon horizontal, est composée de plusieurs séries de pieds de vigne, plantés à des distances variables, suivant l'élévation du mur, que l'on bifurque à une hauteur constante, pour les mêmes pieds de chaque série (fig. 32).

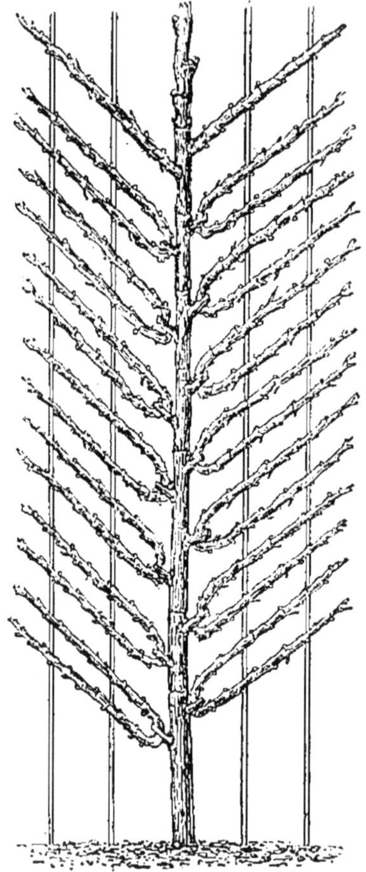

Fig. 33. — Palmette simple (*Vigne*).

Nous verrons à l'article *Formation de la Thomery* comment doit être établi chaque pied de vigne par rapport à son voisin.

2° *Forme palmette simple.* — La palmette simple est une excellente forme pour les murs de peu d'élévation. L'ensemble de la palmette correspond au cordon vertical : une tige verticale, appelée ici un *cep*, portant à droite et à gauche des branches fruitières (fig. 33).

3° *Forme palmette alterne.* — Lorsque les murs ont 3 mètres d'élévation et plus, il y a intérêt à doubler le nombre des pieds, pour qu'une moitié garnisse, au moyen de ses branches fruitières, la partie inférieure du mur et l'autre moitié la partie supérieure (fig. 98). Cette disposition permet à l'arboriculteur d'aller plus vite pour garnir la surface du mur, tout en maintenant dans de meilleures conditions les couronnes de la base de chaque pied.

III

PRINCIPALES OPÉRATIONS PRATIQUÉES AUX ARBRES FRUITIERS PENDANT L'ARRÊT DE LA VÉGÉTATION

Coupe. — On fait une coupe lorsqu'on supprime une branche, un rameau, au moyen d'un instrument tranchant. L'outil qui donne la meilleure coupe est la serpette. Elle demande seulement de l'habitude, de la dextérité, pour son usage dans tous les cas. Le sécateur fait de mauvaises coupes : il écrase les tissus par la pression qu'exerce le croissant sur le rameau ou sur la branche.

Lorsque la coupe se pratique sur des rameaux, elle se fait en général obliquement, à l'opposé d'un œil, à quelques millimètres au-dessus de lui, pour permettre à l'eau de pluie, à la sève dans la vigne, de s'écouler librement sans crainte de le noyer.

Pour les bois durs, tels que les poiriers et les pommiers, la coupe étant faite à 4 ou 5 millimètres au-dessus de l'œil, cela suffit; tandis qu'il faut laisser 7 ou 8 millimètres pour les bois tendres, comme la vigne par exemple.

Toutes choses égales, la coupe sera plus éloignée de l'œil lorsqu'on se servira du sécateur.

Rapprochement. — Lorsque, pour une cause ou pour une autre, des branches d'arbres sont trop allongées, il faut revenir par une taille sur ce qui a déjà été fait, se rapprochant ainsi du centre de l'arbre, pour rétablir l'équilibre ou permettre quelquefois à la partie supérieure de se développer.

Rapprocher, c'est donc tailler sur des branches

déjà âgées. La taille doit se faire sur des empâtements, pour provoquer le départ d'yeux adventifs, ou immédiatement au-dessus de rameaux devant prendre la place de la partie supprimée.

Ravalement. — Une branche mal placée que l'on enlève sur son empâtement même est dite *ravalée*. Le ravalement est donc une opération qui a pour but de supprimer les branches dès leur point de naissance. Le but le plus souvent visé, dans ce cas, est le renouvellement de la charpente d'un arbre, pyramide, palmettes, etc., mal équilibré.

Recepage. — Le *recepage* est une opération beaucoup plus énergique que les deux précédentes; elle consiste dans la suppression de l'arbre entier jusque près de terre. L'application du recepage a sa raison d'être lorsque l'arbre doit être reformé entièrement. Les nouvelles pousses qui se développent sont prises comme point de départ de la nouvelle charpente.

Entailles. — Enlever au-dessus d'une branche ou d'un œil une portion d'aubier avec l'écorce en forme de croissant, constitue l'entaille.

Pratiquée au-dessus d'un organe, elle a pour but de favoriser son développement et de lui donner plus de force. Faite au contraire au-dessous, elle l'affaiblit.

Incisions. — L'incision est transversale ou longitudinale. Elle peut être transversalement appliquée dans les mêmes circonstances que l'entaille : elle est alors moins efficace. Pour l'exécuter on incise l'écorce jusqu'à l'aubier, à l'aide de la serpette ou du grefffoir, au-dessus ou au-dessous de l'organe qui en est l'objet. Les incisions longitudinales se font surtout sur les arbres dont l'écorce des tiges ou des branches est durcie, la couche génératrice étant comme comprimée entre les couches corticales et le jeune bois. Alors, pour permettre à la couche génératrice de s'accroître, on incise légèrement l'écorce de place en place, à l'aide de la pointe de la serpette, sans attaquer l'aubier, de façon à la *débrider*. Ce moyen donne d'excellents résultats pour favoriser le grossissement des arbres.

Éborgnage. — L'éborgnage s'applique aux yeux que l'on supprime avant leur développement en bourgeons. Les conséquences de l'éborgnage peuvent être funestes. Il est préférable, à notre avis, d'ébourgeonner plutôt que d'éborgner, car les yeux sur lesquels on comptait au moment de cette dernière opération peuvent faire défaut plus tard.

IV

PRINCIPALES OPÉRATIONS PRATIQUÉES AUX ARBRES FRUITIERS PENDANT LA VÉGÉTATION

Toutes les opérations qui font l'objet de ce chapitre n'ont pas la même importance ; elles n'en sont pas moins toutes très utiles dans la conduite des arbres, pour la formation de la charpente, d'une part, et la conduite des branches fruitières d'autre part.

Ebourgeonnement. — Comme son nom l'indique, cette opération consiste à supprimer sur les branches charpentières, mais plus particulièrement sur les branches à fruits, les bourgeons qui sont inutiles et quelquefois nuisibles, pour arriver à un but déterminé.

Les arbres produisent, dans la majorité des cas, beaucoup plus de bourgeons qu'il n'en faut pour constituer leur charpente ; de même pour les branches fruitières.

L'enlèvement des bourgeons favorise le développement de ceux qui sont conservés ; de plus l'air et la lumière les frappent plus directement.

Cette opération se fait lorsque les bourgeons sont encore jeunes, qu'ils ont atteint, par exemple, 2, 3, 4, 5 centimètres. Nous verrons d'ailleurs, en traitant de la taille de chaque espèce fruitière, comment l'ébourgeonnement doit être pratiqué.

Pincement. — Retrancher avec le pouce et l'index l'extrémité d'un bourgeon à l'état herbacé, c'est le *pincer*. On pince pour concentrer la végétation sur la partie inférieure restante, dans le but de faire développer ou simplement grossir les yeux, ou de favoriser la croissance des autres bourgeons moins bien placés ou moins vigoureux.

On pince encore l'extrémité des bourgeons de prolongement trop forts, mais seulement dans ce cas, pour rétablir l'équilibre ou faire en sorte qu'il ne soit pas rompu.

Le pincement des bourgeons de prolongement exécuté au moment opportun remplace très avantageusement leur taille proprement dite.

La longueur à laquelle les bourgeons doivent être pincés n'est pas uniforme ; elle varie non seulement avec les espèces, mais encore avec les organes qui les portent.

Taille en vert. — Lorsque, après avoir pratiqué la taille, pendant le repos apparent de la sève, on remarque que cette taille n'a pas produit les effets qu'on en attendait, on supprime la partie qu'on aurait retranchée au premier abord si on avait pu prévoir ce qui est arrivé.

On taille encore en vert pour affaiblir une branche trop vigoureuse, dont on supprime une partie en revenant sur un bourgeon bien placé.

Enfin on applique la taille en vert sur les branches fruitières pour les rajeunir lorsque à leur base il se présente un organe pouvant être utilisé à cet effet.

Palissage en sec et en vert. — Palisser une branche, c'est l'attacher dans une direction conforme à celle qu'elle doit suivre. Ainsi défini, le palissage se fait plutôt pendant l'arrêt de la végétation, au moment de la taille. Au contraire, lorsque la végétation est active, elle n'a d'effet que sur les bourgeons herbacés ou semi-ligneux.

C'est un des plus puissants moyens dont l'arboriculteur dispose pour équilibrer les parties d'un arbre. Un bourgeon faible laissé en liberté prend de la force, tandis qu'un bourgeon qui a des tendances à devenir trop fort (gourmand), s'il est palissé de bonne heure, s'affaiblit. Il en est de même des branches de charpente palissées horizontalement et peu vigoureuses que l'on redresse pour les rapprocher autant que possible de la direction verticale. La vigne et le pêcher sont nos deux espèces fruitières qui réclament le plus impérieusement le palissage des branches fruitières.

Eclaircie des fruits. — Les fruits trop nombreux affaiblissent l'arbre qui les porte; ils deviennent moins beaux et n'acquièrent jamais le volume qu'ils atteindraient si leur nombre était en rapport avec la vigueur du sujet.

Les arbres naturellement faibles ont de grandes dispositions à fructifier abondamment; c'est surtout sur eux que l'éclaircissage sera pratiqué rigoureusement. Sur les arbres forts, à végétation luxuriante, il faut être moins sévère.

L'éclaircie des fruits s'applique à toutes les espèces fruitières, mais plus particulièrement au pêcher et à la vigne.

Dans la vigne on peut enlever les grappes entières, mais ce n'est pas là l'éclaircissage proprement dit. Cette opération est surtout efficace sur les grains mal tournés, tachés, trop serrés.

Pratiquée avec circonspection, cette opération donne aux grappes une plus belle apparence et, partant, plus de valeur commerciale.

Effeuillage. — Deux espèces fruitières sont surtout effeuillées : le pêcher et la vigne.

On effeuille dans le but d'exposer les fruits à l'action directe des rayons solaires, pour les faire colorer. On enlève donc seulement les feuilles qui sont devant les fruits; quelquefois même la moitié des feuilles est seule supprimée.

Il ne faut pas opérer en une seule fois, non plus les découvrir par un temps trop chaud.

Enfin l'effeuillage s'effectuera lorsque les fruits auront atteint presque toute leur grosseur.

V

JARDIN FRUITIER

Nous avons vu que les surfaces consacrées à la culture des arbres à fruits constituent des cultures fruitières : jardin fruitier et verger.

On entend par *jardin fruitier* un espace de terrain occupé exclusivement par des arbres élevés sous des formes régulières et cultivés en vue de l'exploitation des fruits. Ces arbres reçoivent pendant tout le cours de la végétation des soins appropriés. Ils peuvent être élevés en espaliers, en contre-espaliers ou sous formes libres. Ajoutons à cela que le jardin fruitier est le plus généralement entouré de murs, quelquefois seulement de haies.

Les jardins fruitiers, dans le sens absolu du mot, sont rares. Le plus souvent les arbres sont cultivés concurremment avec les légumes; ces jardins prennent alors le nom de *jardin potager fruitier*. Ce sont eux qui forment les 99/100 des jardins des particuliers. Nous ne nous occuperons donc que de l'établissement d'un jardin créé en vue de la production des légumes et des arbres fruitiers.

VI

ÉTABLISSEMENT DU JARDIN POTAGER FRUITIER [1]

Les conditions d'établissement du jardin potager fruitier étant absolument les mêmes que celles que nous avons déjà exposées dans la partie consacrée à la culture des légumes, nous n'y reviendrons pas.

Tracé et distribution [2]. — Nous avons donné également, avec assez de détails pour ne plus y revenir, les éléments nécessaires pour tracer et dis-

1. Voir J. Foussat : Culture potagère pratique : *Etablissement du Jardin potager fruitier.*

2. *Consulter les cultures spéciales et le choix des sujets pour les arbres à faible développement.*

tribuer le jardin potager fruitier. Il ne nous reste plus qu'à indiquer comment et par quoi les plates-bandes et les costières des diverses expositions doivent être utilisées.

Utilisation des plates-bandes et des costières. — Les plates-bandes qui se trouvent de chaque côté de l'allée principale : A, B et des allées secondaires C, D, de même que les costières qui sont en avant de tous les murs, sont les seuls emplacements qui doivent être réservés à la culture de nos arbres à fruits.

Le milieu de toutes les plates-bandes sera occupé par des poiriers sous forme de *pyramide* à faible développement, ou sous forme de *fuseau*.

L'intervalle compris entre deux pyramides ou deux fuseaux sera occupé par des pommiers élevés en *gobelet* ou par des buissons de groseilliers à grappe et de groseilliers à maquereau.

Suivant le goût de l'amateur ou du particulier, ces formes *libres*, qui occupent ainsi le milieu des plates-bandes de l'allée principale, pourront être remplacées par autant de lignes de *contre-espaliers* de 3 mètres ou 3 m. 50 de hauteur.

A 20 ou 25 centimètres en dedans de chaque bord des allées, A B, C D, ainsi que des costières à toutes expositions, des fils de fer tendus à l'aide de raidisseurs serviront de supports à des pommiers et poiriers en *cordons horizontaux*.

Pour les espaliers nous nous trouvons en présence de quatre expositions : les expositions du midi et du nord et celles de l'ouest et du levant; les deux premières occupent les plus petits côtés du rectangle, les deux autres les plus longs.

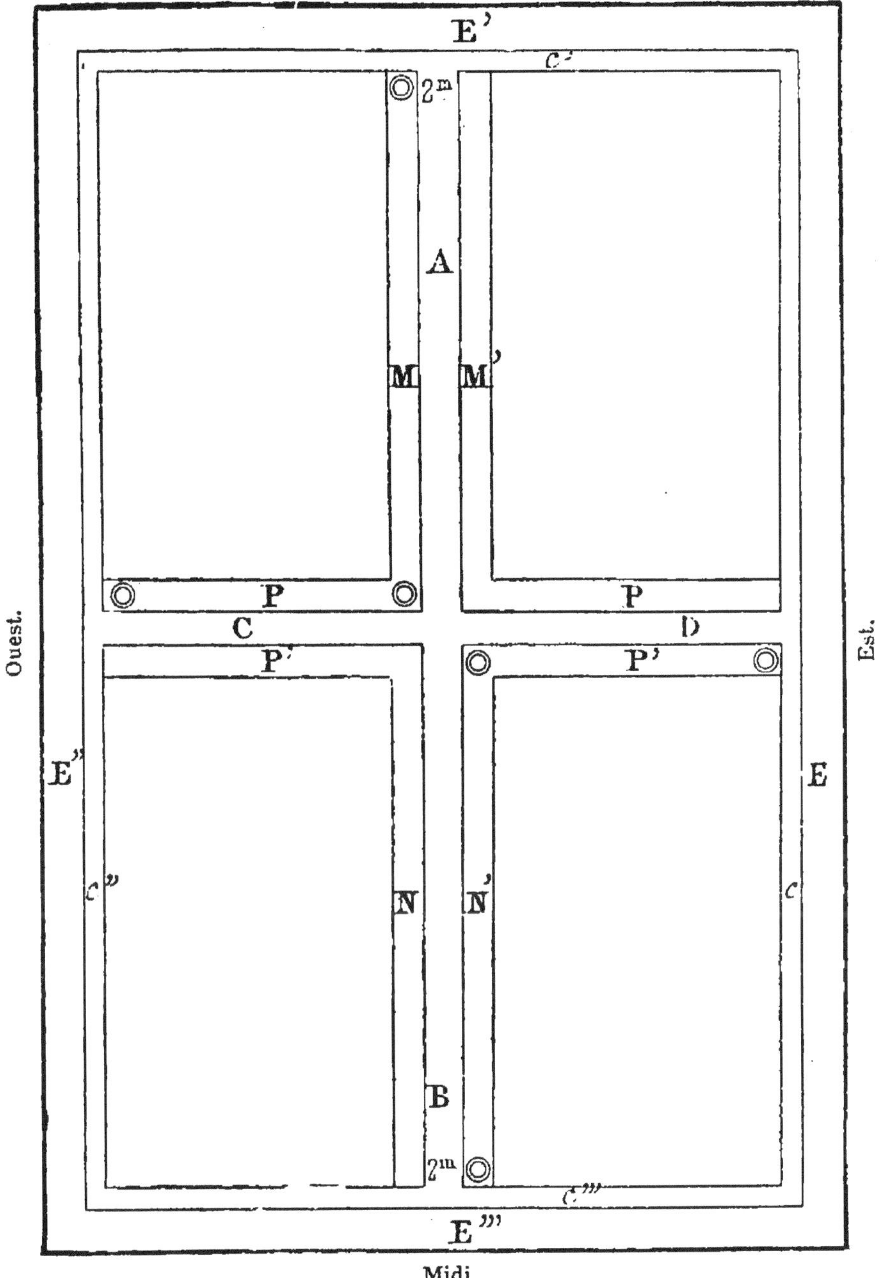

Fig. 34. — Échelle : 2 millimètres pour 1 mètre.

Tracé et distribution du jardin potager et fruitier.

Légende explicative :

AB. Allée principale, 2 m. — *CD*. Allée secondaire, 1 m. 50. — *C*, *C'*, *C''*, *C'''*. Allée de ceinture, 1 m. — *E*, *E'*, *E''*, *E'''*. Costières, 2 m. — *MN*, *M'N'*, *PP*, *P'P'*. Plates-bandes. — ⓞ Prises d'eau ou tonneaux d'eau.

Nos cinq principales espèces d'arbres fruitiers : poirier, pêcher, vigne, abricotier et pommier, vont se les partager.

Les poiriers, les pêchers, la vigne, occuperont les trois quarts de la surface, les deux autres n'occupant que l'autre quart.

La plus mauvaise exposition est celle du nord; nous l'utiliserons cependant pour des plantations de poiriers, choisis parmi nos variétés hâtives; nous pourrons même en consacrer une partie à quelques cerisiers.

La meilleure des expositions pour nos principales espèces fruitières, dans la plus grande partie de la France, est le levant. C'est là surtout que nous planterons les pêchers et les variétés de poiriers demandant l'espalier, ainsi que quelques abricotiers.

Dans les jardins du nord de la France, l'exposition du midi sera réservée pour la vigne et quelques pêchers.

L'exposition de l'ouest, qui n'est pas toujours très bonne, à cause des pluies, des neiges fondues et des vents humides qui en proviennent, pourra très avantageusement être utilisée par les pêchers, en ayant grand soin de les protéger pendant l'hiver et au moment de la floraison à l'aide d'*auvents* (fig. 32). Nos variétés de poiriers peu délicates y trouveront elles aussi, une bonne exposition et de quoi fructifier dans d'excellentes conditions.

Les cerisiers et les pommiers sont des espèces qui caractérisent au plus haut point les arbres qui doivent être laissés en liberté, c'est-à-dire élevés à haute tige. Cependant l'exposition du nord, la plus mauvaise, pourra, comme nous l'avons déjà dit, être utilisée pour des cerisiers. Si on tient à avoir quelques pruniers en espalier, on leur donnera l'exposition du levant ou de l'ouest.

Travaux de préparation du sol. Engrais. — Les travaux de préparation du sol sont les mêmes que ceux que nous avons exposés sous le même titre dans notre traité de la *Culture potagère pratique*. Toutefois il sera bon d'exécuter à part le défoncement des plates-bandes et des costières appelées à recevoir les arbres fruitiers. La raison en est dans l'application des engrais, qui ne sauraient être les mêmes que ceux des légumes. La plupart de nos plantes potagères parcourent en un an toutes leurs phases de végétation, tandis que nos arbres fruitiers vivent un plus grand nombre d'années. Dans les mêmes conditions de sol et de climat, nos plantes légumières exigent donc des engrais à assimilation plus rapide.

Loin de nous la pensée de laisser seulement supposer que le fumier est un engrais qui ne doit pas être employé pour les arbres fruitiers; il donne, au contraire, d'excellents résultats. Mais nous croyons que l'emploi des engrais à décomposition très lente, tels que les *chiffons*, les *tontisses de laine*, les *poussières de laine*, les *déchets*, les *râpures de corne*, les *morceaux* et la *poussière de cuir*, les *poils*, les *crins*, etc., sont des matières dont l'emploi devrait être plus généralisé [1]. L'azote s'y trouve sous une forme d'azote organique qui a besoin d'être nitrifié pour être assimilable. Il résulte de ce fait que cet élément est mis à la disposition

1. Voir Louis Grandeau, *l'Épuisement du sol et les récoltes*

des racines très lentement et que l'action de ces engrais persiste pendant de longues années. Ces engrais industriels, auxquels on peut ajouter du phosphate de chaux et du chlorure de potassium, à la dose de 500 ou 600 kilogrammes à l'hectare, seront incorporés à toute la masse de la terre remuée.

A défaut de ces engrais, le fumier de ferme aux trois quarts décomposé sera préféré.

Enfin, comme les racines de nos arbres fruitiers, contrairement à celles de nos légumes, ont la propriété de s'enfoncer plus profondément dans la terre, la partie superficielle du sol, la meilleure, sera enfouie. Le sous-sol qui constitue la couche la plus mauvaise sera ramené dessus et amélioré par les fumures annuelles et les travaux de culture.

Murs, treillages, chaperon, potence ou corbeau, auvents. — Lorsque nous avons traité des conditions d'établissement du jardin potager fruitier, nous avons passé rapidement en revue les principales clôtures auxquelles on peut avoir recours pour mettre le jardin à l'abri des animaux et des maraudeurs; mais nous n'avons fait ressortir l'utilité des murs qu'en nous plaçant au point de vue des légumes cultivés sous leur abri. Il nous reste maintenant à dire quelques mots de leur utilité dans la culture des arbres en espaliers.

Incontestablement ce sont les clôtures qui demandent la plus grande mise de fonds pour leur établissement; mais, il faut bien le reconnaître, ce sont elles qui offrent le plus d'avantages et de sécurité.

Les murs seront enduits d'un crépissage à la chaux, leur surface sera aussi blanche que possible. De distance en distance, des crampons y seront scellés pour maintenir des lignes de fil de fer, qu'on disposera tous les 50 centimètres pour les poiriers, pommiers, pêchers, abricotiers, etc., excepté pour la vigne, dont la distance sera réduite à 25 centimètres.

Sur ces lignes de fil de fer galvanisé n° 14, on attachera de distance en distance des lattes en sapin débitées à la scie mécanique, de 1 cent. 1/2 de largeur sur 1 centimètre d'épaisseur ou même un peu plus, par exemple 2 centimètres de largeur sur 1 cent. 1/2 d'épaisseur, ces dimensions n'ayant rien d'absolu. La distance à laisser entre chaque latte est variable, suivant les espèces fruitières ; le poirier, le pommier, le cerisier, le prunier, l'abricotier, dont les branches fruitières sont tenues courtes, doivent avoir leurs branches de charpente distancées les unes des autres à 25 ou 30 centimètres.

Au contraire, la branche fruitière du pêcher, dans les meilleures méthodes de taille, étant tenue plus ou moins longue, les bourgeons pincés à 25 ou 30 centimètres doivent être appliqués directement contre le mur, palissage à loque, dont nous ne parlerons pas, ou contre un treillage composé de lattes qui servent à fixer ces bourgeons. Dans le pêcher, pour faciliter cette opération (palissage), on donne 50 centimètres d'écartement entre les branches de charpente, dans l'intervalle desquelles on place des lattes tous les 10 centimètres (fig. 77).

Pour la vigne conduite en palmette simple ou alterne, les bourgeons sont également appliqués contre des lattes placées tous les 15 à 20 centimètres.

Les bourgeons de la vigne, sous forme *Thomery*, sont palissés sur la ligne de fil de fer qui se trouve immédiatement au-dessus du cordon (fig. 32), il n'y a donc pas lieu de placer des lattes, si ce n'est une à chaque pied pour conduire les ceps jusqu'à leur point de bifurcation.

Les murs doivent être surmontés de tuiles formant une saillie de 15 ou 20 centimètres en avant, aussi bien dans l'intérêt du mur que dans celui des arbres fruitiers. Cette couverture a reçu le nom de *chaperon*.

Le *chaperon* préserve des pluies froides et des neiges fondues les branches et le pied des arbres.

Quand on veut bien faire les choses, les chaperons ne suffisent pas sur les murs d'espaliers, surtout dans les climats septentrionaux : il faut des abris plus énergiques. Ces abris, auxquels on a donné le nom d'*auvents*, sont fabriqués en paille ou en planches légères ; ils sont quelquefois mixtes, confectionnés à l'aide de liteaux et de paille. Ils sont supportés par des *potences* ou *corbeaux* en fer, scellés de distance en distance dans le mur, tous les 2 mètres, et faisant saillie de 60 à 70 centimètres (fig. 22 et 32).

Les auvents sont posés sur leurs potences à l'automne pour protéger les arbres contre les pluies froides de l'hiver. Ils ne sont enlevés qu'au printemps suivant, lorsque la floraison est passée et que la fécondation est assurée.

Les auvents appliqués de cette manière rendent de si grands services, qu'on a pu dire que les arbres soumis à leur influence n'ont plus à craindre les intempéries, car on les enlève et on les remet toutes les fois que les circonstances climatiques l'exigent.

Travaux d'entretien. — Nous négligeons ici d'exposer les opérations de taille proprement dites, nous réservant de traiter ces questions aux *Cultures spéciales*.

Les seuls travaux qui nous intéressent dans ce chapitre sont les labours, les fumures et les binages.

Les labours exécutés sur le terrain occupé par des arbres fruitiers sont très utiles, à la condition de n'être pas trop multipliés. Ils doivent être faits en mars, avril, au moyen de la fourche à dents plates, après les travaux de la taille d'hiver, qui ont toujours pour effet d'occasionner plus ou moins le tassement de la surface du sol. Il est même bon, pour diminuer les effets pernicieux de ce tassement sur les racines superficielles, de se munir d'une planche sur laquelle on marche.

Vers la fin du mois d'avril, pour empêcher l'évaporation du sol, un apport d'une bonne couche de fumier aux trois quarts décomposé, appliqué sous forme de paillis, produira les meilleurs effets, tout en donnant aux arbres des éléments nutritifs.

Des binages superficiels répétés plusieurs fois dans l'année sont les seuls travaux à donner au sol occupé par des arbres fruitiers.

VII

DE LA PLANTATION EN GÉNÉRAL

L'époque favorable à la plantation des arbres varie suivant que les sols sont secs ou humides, sableux, argileux.

Dans la majorité des circonstances il y a intérêt à planter à l'automne. Faite de bonne heure à cette saison, les arbres sont souvent repris avant les froids de l'hiver ; ils ont tout au moins cicatrisé les plaies des racines produites pendant l'arrachage ; l'année suivante ils n'ont plus qu'à pousser.

Seulement, comme l'automne coïncide avec des périodes de pluies, si la plantation avait lieu dans un sol argileux, naturellement humide, les racines risqueraient fort de souffrir de l'excès d'eau, dans ces conditions il est préférable de la remettre au printemps. Dans tous les autres cas on plantera dès la chute des feuilles, le plus tôt possible.

Lorsque le terrain sur lequel doit avoir lieu la plantation a été défoncé, il suffit de faire des trous suffisants, pour y loger seulement les racines. Si au contraire il ne l'a pas été, ils doivent avoir de grandes dimensions, et être creusés à l'avance, aussitôt qu'on le pourra.

Pour la plantation des arbres à haute tige pour verger, un trou de 1 m. 50 à 2 mètres de côté n'a pas de dimensions exagérées.

La profondeur à donner aux trous dépendra de la constitution du *sous-sol*. S'il est perméable, on pourra aller à 1 mètre et plus de profondeur ; mais si sa constitution physique s'oppose à ce qu'il soit pénétré par les eaux de pluie, s'il est imperméable, nous recommandons *instamment* de ne pas l'attaquer.

La terre extraite du trou sera divisée en deux lots : un lot formé par la partie supérieure du sol, et l'autre par celle qui est immédiatement au-dessous,

Habillage. — *Habiller* un arbre, c'est lui enlever

au moment de la plantation toutes les parties inutiles ou nuisibles. Il a son effet sur les racines, la tige et les branches. Les extrémités des racines cassées, brisées par l'arrachage seront supprimées à la serpette jusqu'au-dessus de la partie meurtrie. On agira de même sur la tige et ses ramifications, dont les rameaux brisés seront *rafraîchis*, à la serpette, au point où la cassure a eu lieu.

L'habillage des racines sur les poiriers et pommiers francs sera fait avec réserve, le système radiculaire étant peu abondant.

Plantation proprement dite. — Rien de particulier à signaler, si ce n'est qu'il ne faut pas rebrousser les racines dans le trou et les enfoncer trop profondément. Cinq ou six centimètres de terre au-dessus de la dernière couronne de racines sont suffisants. L'arbre ainsi enterré est mieux assujetti en foulant modérément avec le pied tout autour de la tige. Un ou deux arrosoirs d'eau projetée vivement au-dessus des racines produisent un excellent effet en faisant adhérer la terre contre elles.

L'ordre des deux lots de terre formés au moment du creusement des trous pour la plantation des arbres à haute tige sera changé, la bonne terre ira dessous et la mauvaise dessus.

C'est le moment de mélanger les engrais disponibles à toute la masse de terre remuée.

DEUXIÈME PARTIE

CULTURES SPÉCIALES

Nous suivrons dans cette deuxième partie le même ordre que celui que nous avons observé dans l'étude des différents légumes décrits dans le premier volume de jardinage : *Culture potagère pratique.* Nous commencerons par exposer en quelques lignes ce que l'on sait sur l'origine, l'histoire et le mode de végétation de l'espèce cultivée. Viendra ensuite l'énumération des principales variétés créées par la culture, dont on ne décrira que les plus méritantes, en faisant suivre chacune d'elles de quelques lignes pour rappeler succinctement les caractères et les aptitudes qui la caractérisent. Ce n'est qu'ensuite que nous étudierons les diverses conditions des milieux qui leur sont le plus appropriés.

Dans cette étude nous ne suivrons pas l'ordre scientifique des espèces; nous commencerons par le poirier, qui nous paraît être une de nos plus importantes espèces fruitières; nous continuerons par le pommier, dont la culture a beaucoup d'analogie avec celle du poirier. Nous étudierons tout ce qui se rattache au pêcher, pour poursuivre notre étude, dans les mêmes conditions, avec tous nos arbres à fruits à noyaux.

Nous arriverons ainsi à étudier la culture de la vigne avec tous les détails que comporte le sujet, laissant pour la fin les autres arbres et arbustes, moins importants peut-être, mais non sans intérêt.

I

POIRIER

Origine. Histoire. Mode de végétation. — Le poirier, *Pyrus communis* L., a un habitat très étendu; on le rencontre à l'état sauvage dans toute l'Europe et l'Asie tempérée.

Sous cette forme on le trouve dans les bois d'une grande partie de la France, avec les dimensions d'un arbre de première grandeur.

Il est cultivé dès la plus haute antiquité. Homère, Théophraste et Dioscoride le mentionnent dans leurs écrits.

Le poirier, de la famille des Rosacées, possède des racines pivotantes s'enfonçant à une très grande profondeur, ce qui lui permet, avec sa rusticité naturelle, lorsqu'il sert de sujet à nos variétés, de résister dans les terrains secs où ne prospérerait pas le cognassier.

La tige, qui prend de très grandes proportions, se ramifie à une certaine hauteur au-dessus du sol, en forme de pyramide ou en tête arrondie.

Les rameaux portent des épines qui se rencontrent parfois sur quelques-unes de nos variétés.

Ces rameaux sont garnis, suivant le cycle 2/5, d'un nombre plus ou moins grand de bourgeons (yeux des arboriculteurs), accompagnés, la plupart du temps, d'yeux stipulaires, ou sous-yeux, qui peuvent, dans certains cas, remplacer les yeux normaux. Ces derniers sont placés pendant la végétation à l'aisselle de feuilles simples, à pétioles plus ou moins longs et à limbe de forme ovale, oblongue ou lancéolée suivant les variétés.

Après des transformations successives, l'œil peut se renfler, s'arrondir, devenir plus volumineux, il prend alors le nom de *bouton*.

Le bouton renferme toutes les fleurs réduites de l'inflorescence. Cette dernière, après avoir épanoui toutes les fleurs qui la composent, est appelée par les botanistes *corymbe*.

Le nombre des fleurs portées par une telle inflorescence est variable; il y a des corymbes qui en portent 7, 8, 9, 10, 11, et quelquefois 15, 16.

Réciproquement, toutes ces fleurs peuvent être fécondées et se transformer en autant de fruits, mais il est rare qu'il en soit ainsi. Quatre belles poires sur une seule inflorescence sont un maximum.

Quelques arboriculteurs ont cherché à favoriser la fructification en supprimant les fleurs du milieu de l'inflorescence au bénéfice des plus extérieures. Cette pratique nous a toujours donné des résultats déplorables. Nous conseillons donc de ne pas devancer la nature. Les fruits incomplètement *noués* se détachent du rameau et tombent à terre. Il est préférable d'atténuer l'excès de production à l'état de fruits plutôt qu'à l'état de fleurs.

Lorsqu'une température moyenne de 10° à 11° se maintient ainsi au-dessus de zéro pendant quelque temps, les fleurs du poirier ne tardent pas à s'épanouir. En général c'est dans le courant d'avril qu'a lieu la floraison sous le climat de Paris.

L'époque à laquelle on peut observer la première fructification chez nos poiriers est loin d'être uniforme, elle dépend surtout des variétés cultivées et des sujets sur lesquels elles ont été greffées. Il faut, nous en sommes convaincu, qu'elles soient arrivées à l'état adulte. S'il y a des exceptions, elles s'observent sur des arbres malades, tombés dans un état de vieillesse prématurée.

Au point de vue morphologique, la poire est constituée par l'ovaire et le réceptacle.

Variétés. — Les variétés qui ont été produites par la culture et la domestication sont extrêmement nombreuses, elles dépassent un mille. Nous choisirons les meilleures parmi celles à fruits d'été, d'automne et d'hiver. Nous mentionnerons aussi quelques-unes des meilleures poires à cuire. Enfin nous dresserons une liste, parmi les variétés nommées, de celles qui sont les plus propres à être élevées sous forme de *pyramide*, fuseau et cordons, et signalerons en même temps les variétés qui demandent à être élevées en espaliers par suite de leur tempérament délicat.

Choix de variétés d'été. — Cette saison ne nous offre pas les excellentes poires que nous trouverons à l'automne et l'hiver. Les premières venues sont toutefois accueillies avec faveur. Depuis si longtemps il n'en est pas paru sur la table! les fruits de cette catégorie sont toujours salués avec plaisir. On leur reproche de passer vite : c'est un peu vrai. Pour en jouir un peu plus longtemps, nous conseillons d'entre-cueillir, c'est-à-dire de les prendre avant complète maturité et de les porter au fruitier, où on les prendra lorsqu'elles seront à point.

Nous ne serons pas prodigue de ces variétés, nous choisirons seulement parmi les meilleures.

Citron des Carmes ou *Madeleine*. — Variété vigoureuse; elle sympathise bien avec le cognassier. Laissée à haute tige sur franc, elle se charge de nombreux fruits.

Maturité : mi-juillet.

Epargne. — Son origine, très ancienne, est inconnue; par contre, son fruit est connu de tous.

Ne pas en faire de pyramide, son bois se tient mal; il lui faut le plein vent.

Maturité : fin juillet, août.

André Desportes. — Variété très fertile qui gagnerait à être plus connue. Se comporte bien en pyramide.

Maturité : fin juillet, commencement d'août.

Beurré Giffard. — Ne l'oublions jamais, car c'est bien sinon la meilleure au moins la plus jolie des variétés de cette époque. Pousse peu sur cognassier, nous lui préférerons le franc.

Maturité : fin juillet.

Clapp's favorite ou *Favorite de Clapp*. — Elle est d'origine américaine. Nous la recommandons avec instance; son fruit est tout à fait supérieur pour cette saison. Elle se plaît sous toutes formes.

Maturité : août.

Williams. Bon-chrétien Williams. — Nous n'en connaissons guère dont les fruits puissent rivaliser avec ceux de cette variété comme finesse de chair. Malheureusement ils ont un goût musqué prononcé qui ne plaît pas à tout le monde, ce qui les fait diversement apprécier. En tout cas, nulle variété ne peut rivaliser avec elle à cette époque pour la beauté.

L'arbre est très fertile et forme de belles pyramides. Il faut entre-cueillir.

Maturité : fin août, septembre.

Beurré d'Amanlis. — Arbre vigoureux, capable d'étendre son branchage à de très grandes distances, sur franc comme sur cognassier. C'est une variété qu'il ne faut pas oublier.

Maturité : septembre.

Madame Treyve. — D'une fertilité remarquable, c'est une variété supérieure pour l'époque. Elle se comporte bien à toute exposition, greffée sur franc comme sur cognassier.

Maturité : commencement de septembre.

Choix de variétés pour l'automne. — Nous arrivons déjà à une époque où les bonnes poires sont extrêmement nombreuses ; aussi ne faut-il donner la préférence qu'aux variétés tout à fait supérieures. Celles qui ont fait leurs preuves depuis longtemps, pour lesquelles il n'y a aucun doute, seront seules indiquées.

Beurré Hardy. — Le fruit de cette variété est quelquefois gros. Il a une peau fine qui recouvre, lorsqu'il n'est pas trop passé, une chair blanche de toute première qualité. L'arbre forme de belles pyramides et prospère bien sur cognassier.

Maturité : fin septembre.

Beurré superfin. — D'une fertilité médiocre sur franc il faut lui préférer autant que possible le cognassier. La chair, recouverte d'une peau d'un jaune vif doré, est fondante, fine, pourvue d'un jus abondant, vineux, de qualité exquise. Il se forme assez bien en pyramide et convient pour toute autre forme.

Maturité : fin septembre et octobre.

Beurré gris. — Variété très ancienne, origine inconnue. Son fruit, de toute première qualité, est un des meilleurs. Malheureusement l'arbre est délicat.

Sur franc ou sur cognassier à bonne exposition, dans un sol sain, il donne de bons résultats.

Maturité : première quinzaine d'octobre.

Louise-bonne d'Avranches. — Variété des plus précieuses, tant pour le jardin fruitier que pour le verger. D'une remarquable fertilité, elle donne régulièrement des fruits, aussi bien sur cognassier que sur franc. Élevée en pyramide, elle s'y comporte admirablement et se trouve bien en haute tige.

Fruit très bon. Maturité : fin septembre-octobre.

Maturité : novembre et quelquefois décembre.

Duchesse d'Angoulême. — La chair n'est pas très fine, mais elle rachète amplement ce défaut par son parfum et son sucre.

Arbre vigoureux sur cognassier et sur franc, forme de belles pyramides.

Maturité : novembre à décembre, mais bien plus tôt en espalier à bonne exposition.

Beurré Six. — Beau et bon fruit. De vigueur moyenne, l'arbre préfère le franc au cognassier.

Maturité : novembre et commencement de décembre.

Triomphe de Jodoigne. — Variété d'une vigueur extraordinaire. C'est à elle qu'il faut s'adresser, ainsi qu'à la suivante, lorsqu'on veut faire de grandes formes. Elle supporte tous les caprices de l'arboriculteur, vient bien à haute tige et se forme admirablement en pyramide.

Le fruit est bon, sans être très bon.

Maturité : novembre et décembre.

Beurré Diel ou *Beurré magnifique.* — Arbre très vigoureux, s'adaptant à toutes les formes : pyramide, haute tige, formes d'espalier et contre-espalier, mais plutôt les grandes que les moyennes, à plus forte raison que les petites.

Fruit de rapport, *généralement* très bon.

Maturité : fin novembre et décembre.

Variétés d'hiver. — Cette saison nous offre des variétés de poires d'un mérite d'autant plus élevé qu'elles fournissent à la consommation pendant une époque où les fruits sont extrêmement rares. Quoique précieuses à ce point de vue, ces variétés n'en produisent pas moins nos meilleurs fruits.

Nous ferons remarquer aussi que l'époque de maturité est difficile à préciser; elle dépend beaucoup des moyens de conservation dont on dispose. Mais ce que nous recommandons avec instance, c'est de ne jamais cueillir les fruits avant qu'ils aient atteint toute leur grosseur.

Lorsque les premières gelées blanches commencent à se faire sentir, que les feuilles ont des dispositions à se détacher de l'arbre, nous pouvons faire la cueillette par une belle journée.

Nous indiquerons quand même pour chaque variété l'époque de maturité la plus habituelle.

Beurré d'Hardenpont ou *B. d'Arenberg*. — Variété vigoureuse, convenant bien pour toutes les formes. Fruit de toute première qualité. Malheureusement l'arbre est peu fertile dans son jeune âge, les fruits tombent après avoir noué. A bonne exposition, avec l'emploi des auvents, le défaut que nous signalons est moindre, sans disparaître tout à fait.

Maturité : décembre, janvier, février.

Passe Colmar. — L'arbre n'est pas très vigoureux, pas plus sur cognassier que sur franc, mais il est fertile. Son fruit possède une chair fondante, vineuse, délicieusement parfumée.

Maturité : décembre, janvier, février.

Saint-Germain d'hiver. — C'est un semis de hasard qui nous a valu cette bonne poire. Très ancienne, elle n'a pas démérité, car son fruit est encore supérieur. Seulement nous déplorons que son tempérament délicat ne lui permette pas de prospérer partout; c'est pourquoi nous lui conserverons une bonne place au levant, avec auvents aux époques voulues. Son fruit est délicieusement acidulé et parfumé; il est vraiment tout à fait supérieur.

Maturité : décembre, mars.

Nouvelle Fulvie. — Arbre d'une vigueur modérée, fertile sur cognassier; convient pour contre-espalier. Son fruit assez gros est de bonne qualité.

Maturité : décembre, février.

Passe Crassane. — L'arbre convient bien pour faire de petites pyramides et des fuseaux sur cognassier. Il est même de vigueur modérée sur franc.

Maturité : fin décembre, mars.

Olivier de Serres. — L'arbre convient à toutes les formes, est d'une grande fertilité sur franc comme sur cognassier. Le fruit possède une chair blanche, fondante et bien beurrée, abondamment fournie d'une eau richement sucrée.

Maturité : janvier, mars.

Joséphine de Malines. — Variété précieuse pour le jardin fruitier comme pour le verger. De vigueur moyenne, elle est fertile. Elle sympathise bien avec le cognassier, qui ne sera employé que pour les petites formes.

Le fruit est très bon, à chair légèrement saumonée.

Maturité : janvier, mars et avril.

Doyenné d'Alençon. — Arbre pyramidal, vigoureux, de préférence sur cognassier pour le jardin fruitier. Fruit très bon.

Maturité : janvier, mars, avril.

Charles Cognée. — Variété relativement nouvelle qui doit prendre place parmi nos bonnes poires d'hiver. D'une fertilité assez grande, elle vient bien sur cognassier et peut être soumise à toutes les formes. Le fruit, assez gros, possède une chair fine, fort agréablement parfumée.

Maturité : très tardive, avril, mai.

Bergamote Espéren. — Arbre vigoureux et fertile en même temps ; se plaît sous toutes formes et sur cognassier. Le fruit de cette variété, très apprécié, est toujours très bon. La Bergamote Espéren a sa place indiquée dans tout jardin fruitier.

Maturité : février, jusqu'en mai.

Doyenné d'hiver. — Très appréciée sur nos marchés, c'est une de nos meilleures poires de dessert, dit-on. L'arbre est d'une vigueur moyenne et d'une fertilité assez soutenue. Il est bien à regretter que son fruit soit si délicat, qu'il exige absolument l'espalier à bonne exposition.

Maturité : jusqu'en avril, quelquefois plus tard.

Choix de poires à cuire. — Nous signalerons

dans cette catégorie quelques variétés dont les fruits, plus spécialement utilisés pour cuire, sont mangés entiers ou réduits en compote.

Certeau d'automne. — Très apprécié dans la Lorraine, le fruit de cette variété est surtout utilisé en compote, ou pour garnir les tartes.

Maturité : octobre.

Messire-Jean. — La chair du fruit est grossière cassante, mais très sucrée. Cuit, le fruit est très bon.

Maturité : novembre et décembre.

Martin-sec. — Fruit petit, mais de qualité supérieure étant cuit. C'est une variété très recherchée pour le séchage.

Maturité : janvier, février.

Catillac. — Fruit gros, court, ventru, à chair douce. Très bon étant cuit.

Maturité : février, avril.

Variétés pour haute tige. — *Citron des Carmes*, *Épargne*, *André Desportes*, *Clapp's favorite*, *Beurré superfin*, *Williams*, *Beurré d'Amanlis*, *Madame Treyve*, *Beurré Hardy*, *Louise-bonne d'Avranches*, *Marie-Louise Delcourt*, *Triomphe de Jodoigne*, *Beurré Diel*, *Joséphine de Malines*, *Bergamote Espéren*, *Charles Cognée*, *Certeau d'automne*, *Messire-Jean*, *Martin-sec*, *Catillac*, etc.

Variétés pour pyramide et fuseau. — *Beurré Giffard*, *Beurré superfin*, *Williams*, *Clapp's favorite*, *Beurré Hardy*, *Seigneur*, *Duchesse d'Angoulême*, *Triomphe de Jodoigne*, *Beurré Diel*, *Doyenné d'Alençon*, *Bergamote Espéren*, *Beurré d'Hardenpont*, *Soldat laboureur*, etc.

Variétés pour petites formes : ***cordon horizontal, oblique, vertical, etc.*** — *Épargne*, *Beurré Gif-*

fard, Williams, Beurré superfin, Beurré Clairgeau, Duchesse d'Angoulême, Nouvelle Fulvie, Marie-Louise, Louise-bonne d'Avranches, Doyenné d'Alençon, etc.

Variétés qui réclament l'espalier. — *Beurré gris, Crassane, Saint-Germain d'hiver, Doyenné d'hiver, Beurré d'Hardenpont.*

Nous ferons remarquer que cette classification de variétés n'a rien d'absolu, toutes pouvant être élevées sous n'importe quelle forme. Puis, la fertilité du sol, le sujet sur lequel elles peuvent être greffées, sont deux conditions de variations importantes à étudier et dont il faut tenir grand compte, en particulier pour les variétés qui rentrent dans la troisième catégorie. Il y aurait inconvénient à prendre toujours à la lettre l'ordre dans lequel elles sont rangées.

Climat. Exposition. Sol. — Le poirier est un arbre qui redoute les températures excessives, en froid et en chaleur. Les climats du centre et du sud-ouest sont préférables à ceux du sud et du nord.

Dans un jardin, les expositions données par les murs peuvent toutes être utilisées par les poiriers. Celle du nord, la moins favorable, reçoit très avantageusement nos variétés hâtives, où elles arrivent ainsi un peu plus tard à maturité, ce qui n'est pas souvent sans importance.

L'exposition du midi, trop brûlante dans la majorité des cas, excepté dans les pays septentrionaux, recevra le plus souvent les variétés délicates dont nous avons donné la liste.

Les terres saines, perméables, de moyenne consistance, les bonnes terres à blés, sont celles qui remplissent les meilleures conditions pour la culture du poirier.

Dans les sols légers, sableux, le poirier ne prospère qu'à la condition d'être greffé sur franc ou *égrin*; sur cognassier il redoute, au contraire, les sols brûlants; les terres légères, fraîches, argileuses, lui sont tout particulièrement favorables.

Multiplication. — Un seul mode de multiplication est employé pour la propagation de nos différentes espèces de poiriers : la *greffe*. Nous avons, en effet, montré que pour le poirier, le semis ne transmet pas les caractères de la variété. Les pépins d'une excellente poire ne donnent, le plus souvent, que des sujets prédisposés à retourner au type primitif; leurs fruits sont, la plupart du temps, immangeables. Si dans le nombre il s'en trouve par hasard un ou deux qui aient les caractères d'une bonne variété, ou sont supposés tels, ils sont élevés à part jusqu'à la fructification et classés, s'il y a lieu, dans la catégorie à laquelle ils correspondent.

En arboriculture, le semis n'est employé que dans deux cas : pour rechercher de nouvelles variétés et pour obtenir des sujets, auxquels on donne le nom de *francs* ou *égrins*, destinés à être greffés.

Le sujet *franc* sera toujours choisi pour la greffe de nos variétés destinées à former des arbres à haute tige pour le verger. On lui donnera encore la préférence pour celles qui ne sympathisent qu'imparfaitement avec le cognassier, telles que : *Doyenné d'hiver*, *Doyenné du comice*, *Beurré Bachelier*, *Passe Colmar*, *Williams*, *Olivier de Serres*, etc. En somme, pour obtenir de la vigueur ou faire des formes à grand développement, prendre le poirier *franc* comme sujet.

Il est bon toutefois de faire remarquer ici qu'il arrive fréquemment que le cognassier *sujet*, lorsqu'il trouve dans le sol les conditions favorables à son développement, fournit à la variété greffée une très grande extension de branches de charpente.

Le cognassier comme support de greffe est très précieux; il nous procure l'avantage d'obtenir de nos variétés de poires une fructification plus hâtive en même temps que des fruits souvent plus gros et de meilleure qualité.

Enfin nous l'utiliserons dans les sols de moyenne consistance, humides, compacts, mais jamais dans les sols sableux sans fraîcheur. Nous lui donnerons encore notre choix pour obtenir les petites et moyennes formes, à moins d'avoir à utiliser des terrains qui lui soient absolument contraires.

Ajoutons à cela que les poiriers greffés sur cognassier vivent moins longtemps que sur *franc*, et que le cognassier à l'état spontané vit dans tous les terrains, tandis qu'allié avec le poirier, il est plus délicat : il lui faut des terrains conservant bien leur fraîcheur.

Il y a encore l'aubépine comme sujet; le rôle qu'elle joue dans ce cas est assez médiocre pour que nous la passions sous silence. Nous ne l'utiliserons que si nous avons la certitude que les autres sujets ne peuvent prospérer là où nous voulons avoir des poiriers.

Principales formes adoptées pour élever le poirier. — La *haute tige* ou plein vent pour le verger, la *pyramide* ou *cône*, le *fuseau*, le *gobelet*, le *cordon vertical*, le *cordon oblique*, le *cordon horizontal*, *l'U*, les *palmettes à branches verticales* ou *palmettes Verrier* à trois, quatre, cinq, six branches et plus, le *candélabre*, la *palmette à branches horizontales*, comme formes palissées pour espalier et contre-espalier, et le *vase*, qui peut encore rentrer dans cette catégorie, sont des formes couramment adoptées.

Manières d'obtenir les principales formes. — Nous allons passer en revue, pour ne plus y revenir par la suite, les méthodes employées par les arboriculteurs pour obtenir les formes dont nous venons de parler; car ce que nous allons en dire s'appliquera intégralement aux autres espèces fruitières, à part quelques détails particuliers que nous signalerons en temps voulu.

Haute tige ou **plein vent**. — *1er moyen* : Un égrin, après un an de plantation en pépinière, recepé à 5 centimètres au-dessus du sol, donne plusieurs jets, parmi lesquels on choisit le plus vigoureux, qu'on élève verticalement à une hauteur un peu supérieure à celle où plusieurs greffons formeront la tête de l'arbre (fig. 35).

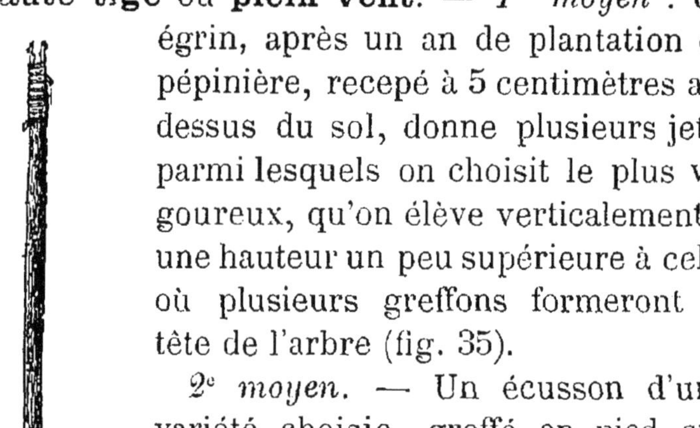

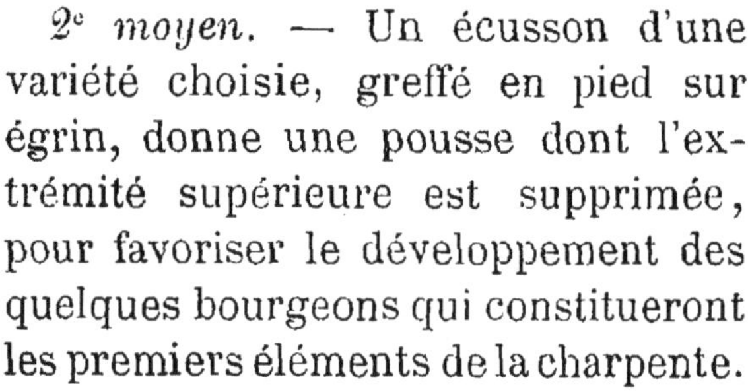

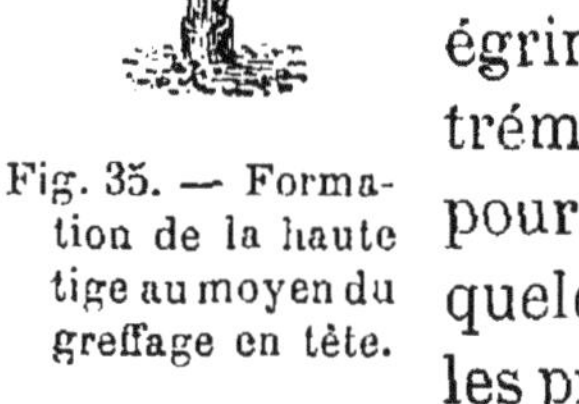

Fig. 35. — Formation de la haute tige au moyen du greffage en tête.

2e moyen. — Un écusson d'une variété choisie, greffé en pied sur égrin, donne une pousse dont l'extrémité supérieure est supprimée, pour favoriser le développement des quelques bourgeons qui constitueront les premiers éléments de la charpente. Cette suppression ou cette taille s'exécute à l'endroit même où doit commencer la tête de l'arbre (fig. 36).

3e moyen. — On fait choix d'une variété vigoureuse, poussant bien droit, qu'on greffe en pied en écusson sur égrin, comme précédemment. La pousse qui en résulte est elle-même greffée à hauteur avec la variété dont on veut propager les fruits.

Fig. 36. — Formation de la haute tige ; taille pour obtenir les premières ramifications nécessaires à l'établissement de la tête de l'arbre.

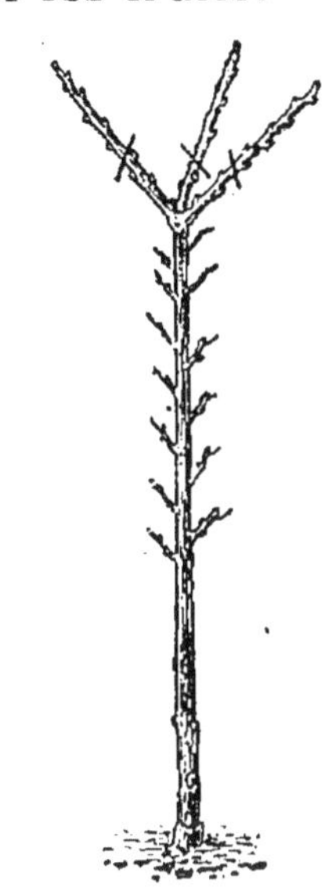

Fig. 37. — Formation de la haute tige ; taille des premiers rameaux obtenus.

Ce procédé permettant d'obtenir des hautes tiges par une double greffe sur un même sujet est très précieux. Il donne la possibilité d'élever des arbres droits, bien faits, vigoureux, avec des variétés à bois tortueux ou poussant médiocrement. Il permet aussi au pépiniériste d'aller plus vite dans la formation de l'arbre, les variétés prises comme intermédiaires étant toujours très vigoureuses ; les plus employées à cet usage sont le *Beurré d'Angleterre*, l'*Eisgrüber*,

Mostbirne, *Bési d'antenaise* et *Louise-bonne d'Avranches*.

Pendant les premières années de végétation, les yeux qui se trouvent sur la tige non encore ramifiée se développent en bourgeons; il faut bien se garder de les enlever. La suppression ne devra s'en faire que progressivement; ce sont eux qui donnent du corps à l'arbre.

La formation de la charpente qui doit constituer la tête peut se commencer sur deux ou trois rameaux (fig. 37); ces derniers, taillés à une longueur de 20 centimètres, produisent d'autres ramifications qui sont, par la suite, laissées en liberté. Il ne reste plus qu'à supprimer annuellement les quelques gourmands qui tendraient à affamer les branches principales.

Pyramide ou cône (fig. 38). — La pyramide, tout en étant très décorative, est une de nos meilleures formes; malheureusement, pour être bien faite, elle demande de l'habileté. Nous ne reviendrons pas sur ce que nous en avons déjà dit; mais avant d'exposer la manière de l'obtenir, rappelons et ne perdons pas de vue que le cycle foliaire chez le poirier et chez presque tous nos arbres fruitiers est de 2/5, c'est-à-dire qu'il faut, étant donné un œil comme point de départ, faire deux tours sur un rameau pour rencontrer cinq feuilles ou cinq yeux, la sixième feuille ou le sixième œil se trouvant juste sur la même ligne verticale que le premier.

Maintenant, voici comment il faut opérer.

On prend un scion d'un an greffé sur franc ou sur cognassier, peu importe; sachant que les premières branches doivent partir à 30 ou 35 centimètres au-dessus du sol, nous le taillerons en conséquence pour les obtenir à cette hauteur (fig. 39).

Il faut toujours tailler au-dessus et à l'opposé d'un œil, placé en face de l'*aire de coupe* occasionnée par la suppression de l'onglet.

Fig. 38. — Pyramide. La distance qui sépare les lettres *a* et *b* montre la longueur à donner à la taille des branches inférieures lorsque celles-ci sont sur le point d'atteindre leur longueur normale. Les lignes ponctuées indiquent le rapport qui doit exister entre les branches inférieures et les supérieures au moment de la taille.

Fig. 39. — Arbre d'un an. *Poirier*. 1re taille pour la formation de la pyramide.

Cette première taille a pour effet immédiat de faire développer l'œil sur lequel on a taillé, ainsi que ceux qui se trouvent au-dessous. Parmi les bourgeons qui en résultent, on choisit les cinq plus rapprochés de l'*œil de taille* (fig. 40). Ces cinq bourgeons, ainsi choisis, doivent établir la première série de branches de charpente. S'ils ont une tendance, pendant la végétation, à prendre trop de vigueur au détriment de celui qui doit continuer la tige, *bourgeon de prolongement*, on les arrête dans leur croissance en pinçant leur extrémité herbacée.

Taille de la 2e année. — La deuxième année, la taille est naturellement plus compliquée. On se trouve en présence de 5 rameaux, plus celui de prolongement, sur lequel on établira une deuxième série de branches de charpente.

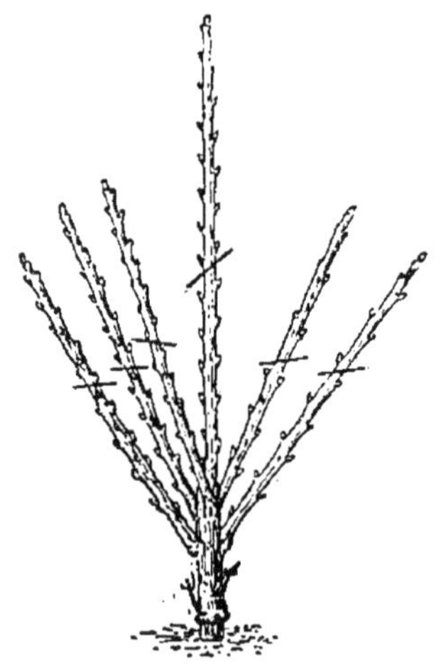

Fig. 40. — Formation de la *pyramide*. 2e taille de la tige principale et 1re taille des branches de charpente.

Lorsqu'on veut faire de grandes pyramides, il faut laisser entre chaque série un intervalle de 0m,40 ou 0m,50 : ce sont là des dimensions qu'il faut observer; 0m,30 ou 0m,35 suffiront pour les petites pyramides. Plus serrées, l'air et la lumière pénétreraient difficilement dans l'intérieur de l'arbre. C'est donc à cette distance qu'il faut choisir, toujours en face de l'aire de la coupe précédente, l'œil qui doit fournir le bourgeon de prolongement (fig. 40). Les cinq yeux qui se trouveront immédiatement au-dessous de lui fourniront les bourgeons sur lesquels sera établie la 2e série de branches de charpente.

Il ne nous reste plus qu'à dire comment les rameaux de la première série doivent être taillés.

La longueur à leur laisser dépend de leur vigueur. Il ne faut pas tailler trop long, de crainte de concentrer la végétation sur ces cinq rameaux et d'empêcher la série suivante de se développer. La taille ne doit pas être non plus trop courte : les branches inférieures ne prendraient plus alors assez de force pour acquérir cette prépondérance dont elles ont besoin pour l'avenir. 30 à 40 centimètres sont deux extrêmes qui conviennent parfaitement à toutes les conditions de vigueur. Cette taille se fera sur un œil en dessous, exceptionnellement sur un œil en dessus. Les rameaux supérieurs seront taillés un peu plus courts que les inférieurs (fig. 40 et 41).

Taille de la 3e année. — On agira comme pour la taille de la deuxième année, c'est-à-dire que le nouveau rameau de prolongement fournira toujours, à la même distance de la deuxième série, cinq nouveaux bourgeons pris à compter de l'œil choisi comme œil de prolongement (fig. 41).

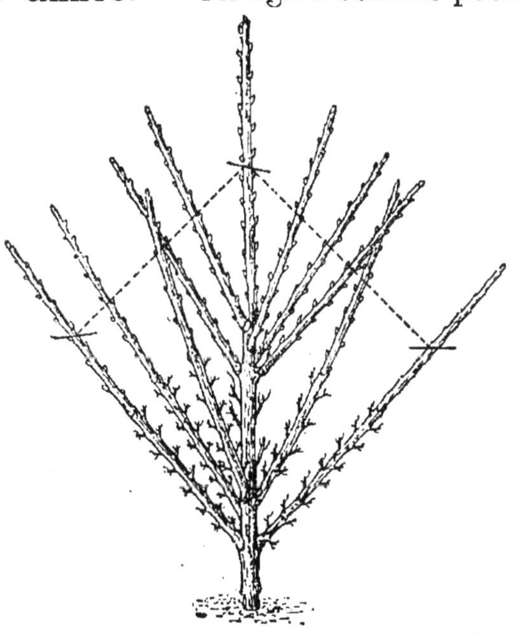

Fig. 41. — Formation de la *pyramide*. 3e taille de la tige principale et 2e et 1re taille des branches de charpente.

La première série qui a déjà été taillée le sera à nouveau à 30 ou 35. Une des premières branches de la première série, la plus rapprochée du sol, servira de point de repère avec l'extrémité du prolongement taillé, pour la taille de toutes les autres branches; une ligne droite, passant par ces deux points, délimitera les endroits où doivent être faites les coupes (fig. 41).

On agira de même les années suivantes jusqu'à ce que la pyramide soit entièrement formée.

Les branches de la première série arriveront cependant à ne plus pouvoir être allongées indéfiniment. Les tailles se feront alors courtes, à 10 centimètres, pour arriver même à cinq centimètres dans les dernières années de formation (fig. 38); car, si nous admettons, comme nous l'avons dit, une pyramide de 5 mètres sur 2 mètres de diamètre avec un angle de 45° environ formé par chaque branche avec la tige, $1^m,50$ à $1^m,60$ pour les branches les plus inférieures sera une longueur maximum.

Nous avons supposé à dessein qu'il était possible de prendre annuellement une série de cinq branches, ce qui est loin de se réaliser en pratique. Avec des arbres poussant bien, cela peut se faire; mais avec des arbres faibles il faut ménager la base et rester plutôt deux ans sur la même série que de vouloir aller trop vite, car en réalité on finirait par perdre du temps en voulant en gagner.

Mais alors on peut se demander comment sera traité le rameau de prolongement lorsqu'il ne fournira pas de nouvelle série.

C'est bien simple. Toutes les fois, pour une cause ou pour une autre, que de nouvelles branches ne pourront être prises, le rameau de prolongement qui aurait dû les fournir sera taillé le plus près possible de la section faite à la taille précédente.

Fuseau ou colonne. — Le fuseau est un diminutif de la pyramide, les branches de charpente sont seulement tenues plus courtes. Les procédés d'établissement sont les mêmes que pour la pyramide; seulement la taille du prolongement se fait plus longue; au lieu de ne prendre que cinq branches, on prend toutes celles qui se développent.

C'est une excellente forme à adopter dans les petits jardins et pour les variétés peu vigoureuses.

Gobelet (fig. 42). — Tel que nous le comprenons, il s'obtient sans le secours d'aucune latte. En supposant qu'on veuille le former avec un scion d'un an, on taille ce dernier à 15 ou 20 centimètres au-dessus du sol. Pour former un *gobelet* à six branches, on choisit les trois bourgeons les plus rapprochés de la coupe, que l'on dirige ensuite obliquement. Si les bourgeons ne prennent pas cette obliquité d'eux-mêmes, on la leur donne au moyen de petites baguettes placées en arc-boutant et ayant comme point d'appui les rameaux eux-mêmes.

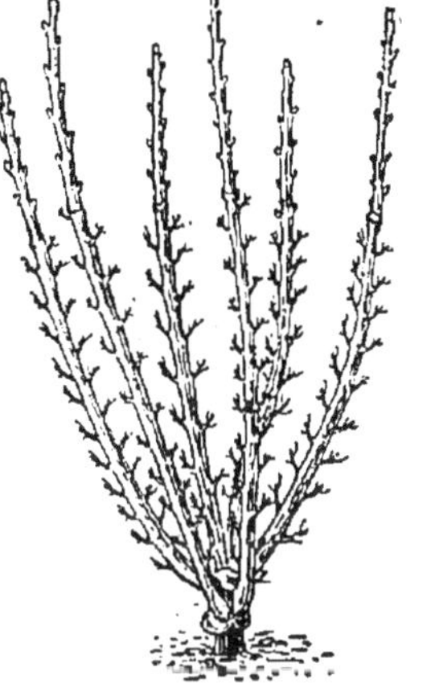

Fig. 42. — Gobelet dont la formation a pour point de départ 3 rameaux.

Pour obtenir de ces trois rameaux six rameaux qui constitueront plus tard les six branches du gobelet, il faut choisir, à 10 ou 15 centimètres de leur insertion, et sur chacun d'eux, deux yeux bien placés sur lesquels on établira la taille.

Les six bourgeons auxquels ils donneront naissance formeront le *gobelet* (fig. 42). Tous les rameaux de prolongement sont traités à des longueurs variables pour permettre à la base de bien s'établir.

Les poiriers greffés sur cognassier donnent ainsi d'excellents résultats. Il va sans dire qu'on pourra augmenter le nombre de branches proportionnellement à la vigueur de la variété.

Cordon vertical et **cordon oblique** (fig. 43 et 44). — Nous réunirons dans un même article ces deux formes qui ne sont au fond qu'une seule et même chose. Ils caractérisent l'arbre réduit à sa plus simple expression : une branche de charpente unique, portant à droite et à gauche des branches fruitières.

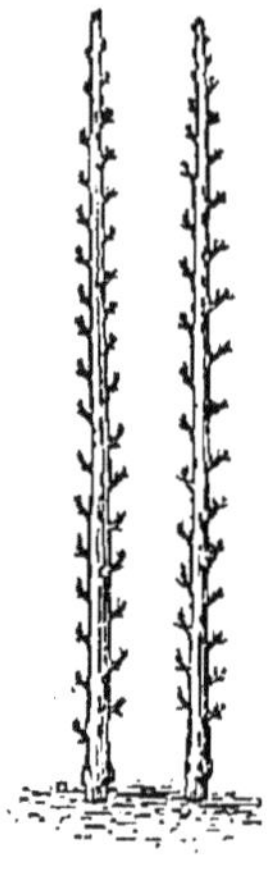

Fig. 43. — Cordons verticaux.

Fig. 44. — Cordons obliques.

Pour établir des cordons, on plante des greffes d'un an, verticalement ou bien obliquement, s'il est incliné de 45° sur le mur. Si l'extrémité du *scion* est bien aoûtée, on ne taille pas, on la laisse se développer librement.

Le triangle laissé à chaque extrémité du mur ou d'un contre-espalier garni de cordons obliques est rempli à l'aide du premier et du dernier arbre (fig. 45).

Ce sont des formes dont on a exagéré la valeur et l'importance. Elles durent peu. Il se forme des vides ; les arbres étant plantés très rapprochés, ils ont entre eux à soutenir la lutte pour l'existence, qui

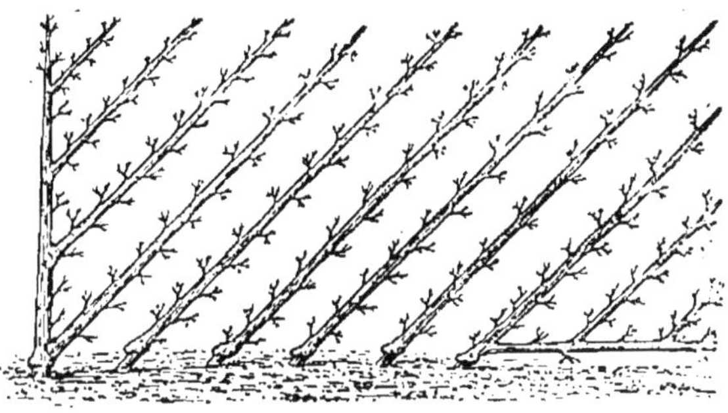

Fig. 45. — Mur complètement garni par des cordons obliques.

est remportée par le plus vigoureux. Elles ont cependant un grand avantage, celui de garnir rapidement un mur. A moins de cas exceptionnels on choisira les variétés greffées sur cognassier et à faible développement.

L'U (fig. 46). — L'U s'obtient en taillant une greffe d'un an à 25 ou 30 centimètres au-dessus du sol, sur deux yeux placés l'un à droite, l'autre à gauche. Les bourgeons qui se développent sont palissés obliquement, puis redressés verticalement, à 30 centimètres de distance.

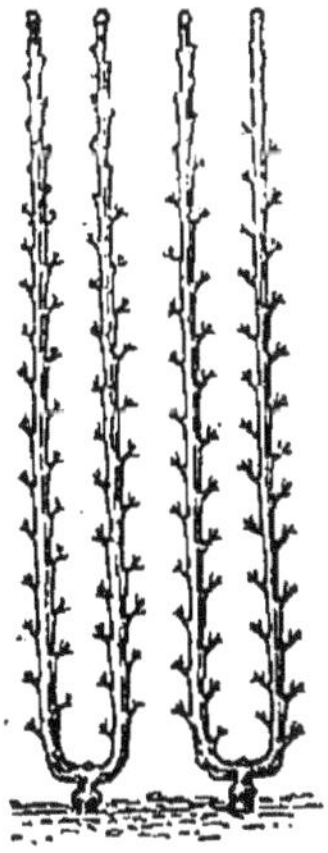

Palmette Verrier à une série, P. à trois branches verticales (fig. 47). — Cette forme s'obtient de la même manière que l'U. Seulement au lieu de tailler sur deux yeux, on taille sur trois, dont l'un au milieu et les autres de chaque côté (fig. 49). Les bourgeons qui en résultent sont palissés, le

Fig. 46. — U.

supérieur verticalement, pour continuer la tige, les deux autres obliquement, presque horizontalement; on en redresse plus tard les extrémités dans une position verticale et à 30 centimètres de celui du milieu.

Palmette Verrier à deux séries, P. à cinq branches (fig. 48). — La première année la greffe

Fig. 47. — Palmette Verrier à une série ou palmette à 3 branches verticales.

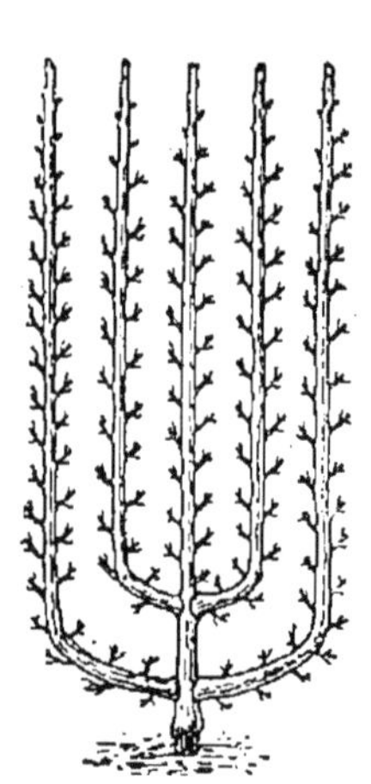

Fig. 48. — Palmette Verrier à 2 séries ou palmette à 5 branches verticales.

Fig. 49. — Formation d'une palmette Verrier, 1re taille sur un sujet d'un an.

d'un an est taillée comme pour la forme précédente. L'année suivante, si les deux rameaux inférieurs, première série de branches, sont *suffisamment forts*, on pourra prendre sur celui du milieu, à 30 centimètres du premier étage, une deuxième série de branches, en taillant toujours sur trois yeux (fig. 50).

Les palmettes à branches verticales à nombre plus élevé de séries sont tout aussi faciles à obtenir. Mais nous devons faire remarquer qu'il n'est pas toujours possible de pouvoir prendre un étage de branches tous les ans; il arrive qu'on est forcé de rester deux ans, quelquefois trois ans sur le même, sans qu'il y ait intérêt à en prendre un nouveau. Tout ce que nous pourrions dire à ce sujet ne ferait que compliquer ces données sans les éclaircir. C'est une question de pratique, de coup d'œil, que rien ne peut remplacer. Toutefois, lorsqu'on ne pourra pas

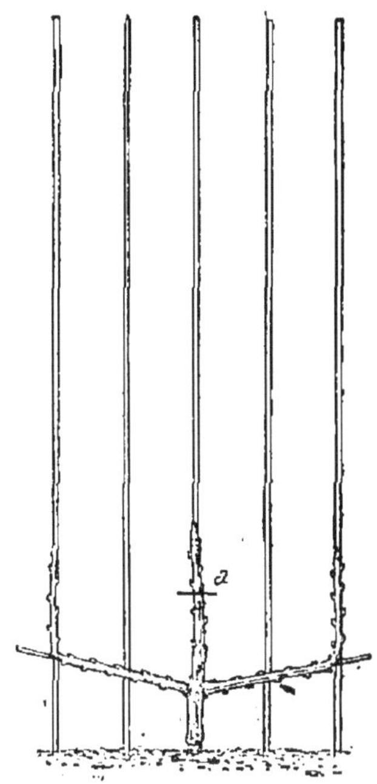

Fig. 50. — Formation d'une palmette Verrier à 2 séries de branches. Taille pour la formation du 2e étage.

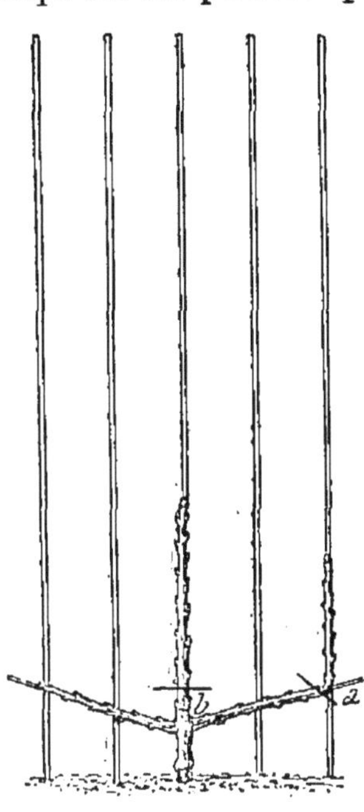

Fig. 51. — Formation d'une palmette Verrier à 2 séries. — 1er étage non équilibré. La branche de droite est taillée en *a*, tandis que celle de gauche est laissée dans toute sa longueur. Le rameau de prolongement est taillé en *b* afin seulement d'en obtenir un bourgeon pour continuer la tige.

établir de nouvelle série, le prolongement du milieu sera taillé sur un œil placé le plus près possible des branches de l'étage précédent (fig. 51).

Les palmettes *Verrier* sont d'excellentes formes pour espalier et contre-espalier. Elles ont le grand avantage, sur celles que nous allons étudier, d'avoir leurs branches inférieures d'autant plus longues qu'elles sont plus éloignées de la partie supérieure de l'arbre, et qu'à une partie horizontale succède une partie verticale. En faisant varier le nombre des étages, elles peuvent être utilisées pour presque toutes les hauteurs de murs.

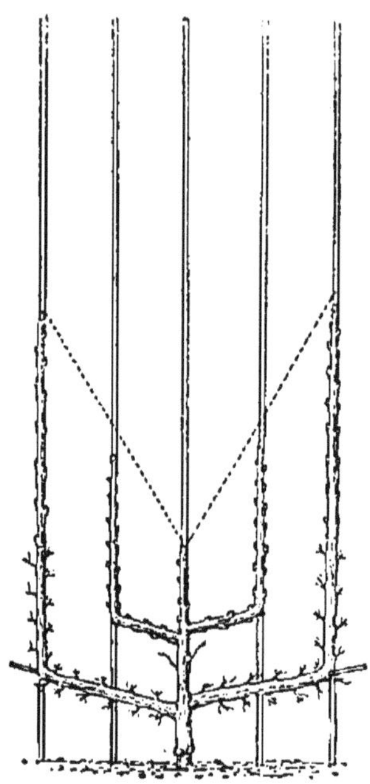

Fig. 52. — Palmette Verrier en formation. Les lignes ponctuées déterminent la relation qui doit exister entre les branches des étages inférieurs et celles des étages supérieurs.

Palmettes simples ou P. à branches horizontales (fig. 53). — La palmette simple est très précieuse pour des murs de peu d'élévation. Il est facile de comprendre en effet qu'avec des palmettes *Verrier* la chose devient, pour le plus grand nombre des variétés, sinon impossible, du moins plus difficile, si le but à atteindre est la production des fruits.

Effectivement, il semble peu rationnel de vouloir limiter la vigueur des arbres à des emplacements insuffisants.

Avec des murs de $1^{m},60$ et même $1^{m},80$ de haut, les branches arrivent en peu d'années au haut de leur course, c'est-à-dire à la partie supérieure du mur. Qu'en faire, alors? Il faut nécessairement les arrêter; mais par suite de cet arrêt subit, la végétation se trouve concentrée vers le centre de l'arbre; les productions qui avaient des tendances avant l'opération à se transformer en productions fruitières partent à bois jusqu'à l'épuisement de l'arbre par des tailles répétées et trop rigoureuses.

Avec la palmette simple il est facile de remédier à cet inconvénient, les branches de charpente pouvant être allongées dans le sens horizontal autant que le permet la vigueur de l'arbre. C'est pourquoi

Fig. 53. — Palmette à branches horizontales ou palmette simple.

nous recommandons beaucoup cette forme pour les murs peu élevés.

De l'opportunité de tailler ou de ne pas tailler les sujets lors de la plantation. — Maintenant que nous avons passé en revue les quelques règles indispensables à connaître pour conduire les arbres sous les formes les plus en usage dans les jardins fruitiers, nous pouvons nous demander s'il convient de tailler les poiriers l'année même de leur plantation.

Cette question, sur laquelle grand nombre d'arboriculteurs sont divisés, est loin de présenter, à notre avis, une application uniforme dans tous les cas.

Pour nous, elle dépendra du sujet sur lequel sont greffées les variétés, de l'époque à laquelle a eu lieu la plantation, puis de la nature et de la richesse du sol et des bonnes ou mauvaises conditions de préparation.

Les végétaux, quels qu'ils soient, peuvent être considérés, dans leur ensemble, comme des dépôts d'éléments nutritifs emmagasinés pendant la période active de la végétation. Enlever à un arbre, au moment ou quelque temps après sa mise en terre, une partie de sa tige ou de ses ramifications, c'est lui supprimer, du coup, une quantité correspondante de principes nutritifs en réserve qui auraient, sans nul doute, joué un rôle prépondérant dans la formation de nouvelles racines.

Néanmoins, lorsque nous aurons des arbres à système radiculaire abondant, le mal sera moins grand, les matières alimentaires mises en réserve se localisant sinon exclusivement, du moins en grande quantité dans ces organes. C'est ce qui se présente chez nos poiriers greffés sur cognassier, qui sont capables par suite de leurs nombreuses racines d'absorber beaucoup de principes nutritifs, ce qui leur permet de réparer les effets d'une suppression de tige ou de branches.

Il en serait tout autrement de nos poiriers greffés sur franc, par exemple, qui ne possèdent bien souvent qu'une racine unique (pivot), loin d'offrir les conditions désirables d'une reprise rapide et assurée. Dans ce dernier cas, nous conseillons de ne tailler que l'année d'après; les bourgeons (yeux) ainsi respectés fourniront un certain nombre de feuilles qui concourront, par les principes fabriqués, à la reprise de l'arbre.

Nous nous sommes très bien trouvés d'une taille

faite au printemps qui suit une plantation de bonne heure, courant octobre, en sol léger, après avoir supprimé sur leurs pétioles le limbe des feuilles restantes.

Les poiriers greffés sur francs qui furent l'objet de cette opération, se comportèrent par la suite admirablement bien. Une plantation exécutée à cette époque, lorsque toutes les conditions sont favorables, est toujours avantageuse, les arbres ayant, sinon le temps de *reprendre* avant les grands froids, au moins celui de cicatriser toutes leurs plaies occasionnées par l'arrachage.

Les poiriers greffés sur francs repiqués successivement et à racines abondantes seront traités dans les conditions de ceux greffés sur cognassier : la taille suivra la plantation.

Pour les arbres ayant reçu un commencement de direction dans les pépinières et possédant déjà quelques séries de branches, nous conseillons de laisser ces dernières intactes sans chercher à en prendre de nouvelles la première année de plantation.

De la taille appliquée à la formation et à l'entretien des arbres. — Nos arbres fruitiers laissés en liberté produisent naturellement des fruits sans le secours de la serpette et du sécateur. Mais il résulte de ce laisser-aller naturel que les branches de charpente qui croissent en tous sens empêchent l'air et la lumière de pénétrer jusqu'au centre de l'arbre par l'abondant feuillage qu'elles portent à leurs extrémités. Insuffisamment éclairées et aérées, les petites ramifications de l'intérieur finissent par se dégarnir et disparaître, parce que les feuilles auxquelles la lumière n'arrive que faiblement *travaillent* moins bien, ne décomposent que faiblement l'acide carbonique de l'air et ne fixent pas assez de carbone dans leurs tissus.

L'arboriculteur devrait toujours avoir présent à l'esprit que les feuilles sont d'une indispensabilité absolue, et que sans elles il n'y a pas de nutrition possible.

Il en est absolument de même des fruits qui se forment dans l'intérieur de l'arbre, sur des branches incomplètement nourries ne recevant qu'une lumière extrêmement diffuse; ils ne sauraient être beaux, aussi sont-ils habituellement petits, incomplètement colorés et de qualité inférieure.

Dans de telles conditions, ces arbres ne fructifient que très irrégulièrement; ils donnent beaucoup de fruits une année pour n'en plus produire que deux ou trois ans après.

Au contraire, les arbres soumis à la taille, à des formes régulières, reçoivent dans toutes leurs parties le maximum d'air et de lumière, et c'est à ces conditions qu'ils doivent de produire de bons, beaux et plus gros fruits. De plus, l'arboriculteur dispose de moyens qui lui permettent de rendre la fructification plus régulière et *quelquefois* plus abondante. La taille est donc très utile, nous pouvons même dire indispensable dans un jardin fruitier.

C'est à l'aide des moyens dont dispose l'arboriculture qu'on parvient à utiliser le mieux la place qui est affectée à chaque arbre fruitier, soit en *espalier*, soit en plein air : *contre-espalier* et *formes libres*. Toutefois l'excès en tout est nuisible, en arboriculture comme ailleurs; la taille ne peut donner de bons résultats qu'autant qu'elle est raisonnée.

Nous avons déjà posé en principe qu'un arbre devait être considéré comme le siège de dépôts de principes alimentaires, pouvant servir, à un moment donné, à l'accroissement de la plante et au développement de ses fruits. Retrancher une partie quelconque d'un arbre, c'est donc lui enlever une quantité correspondante de matières nutritives mises en réserve, ou lui supprimer des organes capables d'en fabriquer. Il faut donc tailler le moins possible, par le seul fait que l'on y est forcé. On y est d'ailleurs obligé pour l'obtention des différentes formes que nous avons passées en revue, ainsi que pour maintenir entre toutes les parties qui les composent une régularité aussi parfaite que possible.

Mais il ne faudrait pas croire, par exemple, comme beaucoup de personnes se l'imaginent, que la taille puisse faire produire des fruits à des arbres qui n y sont pas naturellement disposés ; nous avons la conviction qu'elle ne suffit pas.

J'ai là devant moi des pommiers, *greffés sur paradis*, variété *Belle fleur jaune* ou *Linneous pippin*, dirigés en cordons horizontaux ayant chacun 4 mètres à parcourir, un poirier sur cognassier élevé en palmette à quatre branches verticales comptant ensemble 14 mètres de développement, que je traite depuis sept ans sans avoir pu les contraindre à donner des fruits et qui sont là pour attester que la taille ne suffit pas dans tous les cas pour provoquer la fructification. Je leur ai cependant appliqué des tailles et des pincements appropriés.

Pourquoi donc ces arbres ne produisent-ils pas de fruits? Pourquoi? Parce que, au lieu de 4 et 14 mètres de développement de branches, il leur en faudrait probablement le double. Alors la végétation serait répartie sur une bien plus grande surface; au lieu d'être contrainte d'agir sur des branches dont la longueur est limitée trop tôt, elle aurait au contraire de quoi utiliser bien mieux son exubérante vigueur, en provoquant sur toute la longueur des branches de charpente, au lieu de boutons à bois, la formation de boutons à fleurs, dont l'apparition est toujours le prélude de l'arrivée de l'arbre à l'état adulte.

On a contesté, nous ne savons pourquoi, la valeur de la branche fruitière née d'un bouton à fleur (lambourde) reposant directement sur la branche de charpente. Pour nous, elle est et restera une des meilleures.

Le bouton qui a pour point de départ le *dard*, dont nous parlerons bientôt, développé directement sur la branche mère, nous a donné toujours de si bons résultats que nous le considérons comme l'idéal de la branche fruitière.

Dans la taille, l'arboriculteur doit envisager deux choses : *la branche de charpente* et *la branche fruitière.*

Les branches charpentières constituent le squelette de l'arbre qui en a plusieurs; elles en limitent et en déterminent les formes. Les branches fruitières ne sont autre chose que les petites branches portées par les branches charpentières; elles doivent garnir ces dernières le plus régulièrement possible. Bien qu'appelées branches fruitières, elles ne portent pas toutes des fruits, mais elles peuvent toutes en produire.

En traitant de la taille de chaque espèce, nous verrons quels principes il faut appliquer pour conduire les unes et les autres. Nous constaterons également que si la taille est indispensable pour prendre de nouveaux étages, elle l'est encore bien plus pour maintenir les branches fruitières dans des limites telles qu'elles ne puissent prendre des dimensions pouvant nuire aux branches mères.

Taille des branches de charpente. — Nous pouvons avant tout nous demander si elle est bien indispensable. Prenant comme guide ce que nous venons d'exposer nous dirons : si l'arbre est équilibré dans toutes ses parties, il est inutile de lui supprimer quoi que ce soit (fig. 52). Envisagée de cette façon, la taille est donc pour nous un régulateur. Les neuf dixièmes des arboriculteurs taillent : les uns suppriment les 2/3, les autres le 1/3, les 3/4 des branches de charpente ; nous autres, nous ne taillerons que dans les trois cas suivants :

1° Lorsque l'extrémité d'une branche de charpente n'est pas suffisamment aoûtée, lignifiée, les yeux qu'elles portent sont incomplètement formés ; il y a alors intérêt à supprimer cette partie, semi-ligneuse, pour établir la taille au-dessous, sur un œil bien formé ; on obtient ainsi un bourgeon de prolongement plus vigoureux ;

2° Si deux branches du même étage ne sont pas de même longueur ou de même force, on réduit la longueur de celle qui est la plus vigoureuse pour lui donner des proportions en rapport avec celles de la plus faible qui ne sera pas raccourcie (fig. 51 *a*).

3° Lorsque la vigueur d'un étage laisse à désirer, l'arboriculteur ne doit pas en prendre un nouveau; il doit attendre que celui qui se trouve en dessous soit suffisamment constitué : il faut alors, par une taille sur le rameau de prolongement, se rapprocher le plus possible de ce dernier (fig. 51).

Ceci s'applique à toutes les formes, sans en excepter la pyramide. Nous avons dit qu'il ne fallait tailler les branches charpentières que dans les trois cas que nous venons d'exposer; comme il n'y a pas de règle sans exception, nous allons en faire quelques-unes :

Les branches charpentières de la pyramide doivent être taillées annuellement avec les principes que nous avons donnés. En effet, sans taille on ne parviendrait pas à faire prendre suffisamment de force aux branches inférieures pour leur permettre de se maintenir d'elles-mêmes; elles s'affaisseraient, il faut leur donner le temps de se consolider.

Les branches supérieures sont, à plus forte raison, dans le même cas. Laissées libres, leur position étant plus favorisée, la végétation s'y porterait au point de faire disparaître l'équilibre et en même temps les branches de la base. Pour les mêmes motifs, nous appliquerons la taille sur le fuseau. Le gobelet, lui aussi, dont les branches ne doivent être soutenues par aucun appui, supportera une taille raisonnée sur ses rameaux de prolongement.

Taille des branches fruitières. — Il n'est pas possible de maintenir un arbre dans des limites déterminées, de l'y conduire même, si les branches fruitières ne sont pas taillées; c'est surtout là, à notre avis, que la taille s'affirme comme indispensable. Laissées libres, elles prendraient bien vite l'aspect des branches qui les portent.

La taille varie nécessairement suivant les espèces fruitières : ici nous ne nous occuperons que du poirier. Ce que nous en dirons s'appliquera intégralement au pommier.

Nombre de théories ont été émises ; nous nous en tiendrons à la taille trigemme, à celle que M. Courtois a beaucoup contribué à vulgariser. C'est elle qui nous a le mieux satisfait dans presque tous les cas. Son grand mérite est d'être simple et de pouvoir être appliquée, avec un peu d'habitude, par tout le monde.

Mais avant, passons en revue les principales branches fruitières que l'on peut rencontrer sur un poirier soumis à la taille, celles qui doivent garnir régulièrement les branches de charpente.

Branches fruitières. — Le *rameau à bois* (fig. 54) est produit par un bourgeon qui n'a pas été pincé. Sa longueur est variable : il sera taillé à trois bons yeux.

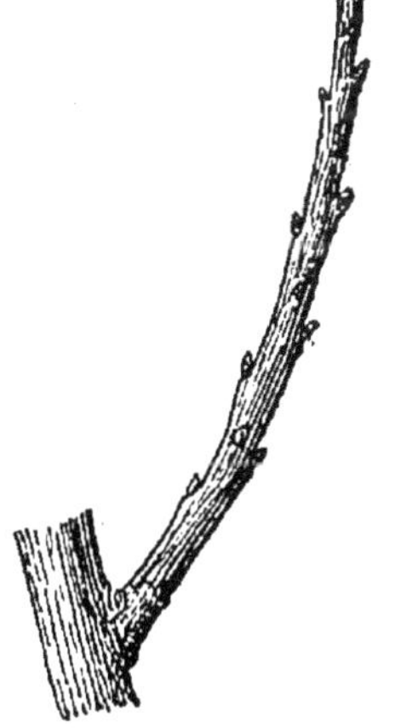

Fig. 54. — Rameau à bois.

La *brindille* (fig. 55) provient d'un bourgeon faible dont la partie supérieure n'a pas été supprimée au moment du pincement. Elle est fluette, caractère qui la fait distinguer du rameau. Lorsqu'elle est *couronnée* par un bouton à fleurs, elle porte de beaux fruits. Il n'y a nul intérêt à la tailler. Elle peut atteindre 10 à 20 centimètres de longueur.

Le *dard* (fig. 56) est un petit rameau qui ne dépasse guère 7 ou 8 centimètres de longueur, mais dont les dimensions peuvent être réduites à 1, 2 ou 3 centimètres; c'est le point de départ de la branche fruitière par excellence. Il ne se taille pas.

La *lambourde* est un dard terminé par un bouton à fleurs. Lorsqu'elle ne porte que peu de cicatrices de feuilles sur sa longueur, elle est appelée *lambourde lisse* (fig. 57). Quand au contraire elle met plusieurs années à se former, les endroits qui correspondent aux attaches des feuilles portent des cicatrices : elle est dite alors *lambourde ridée* (fig. 58). Ces deux sortes de lambourdes ne reçoivent aucune taille.

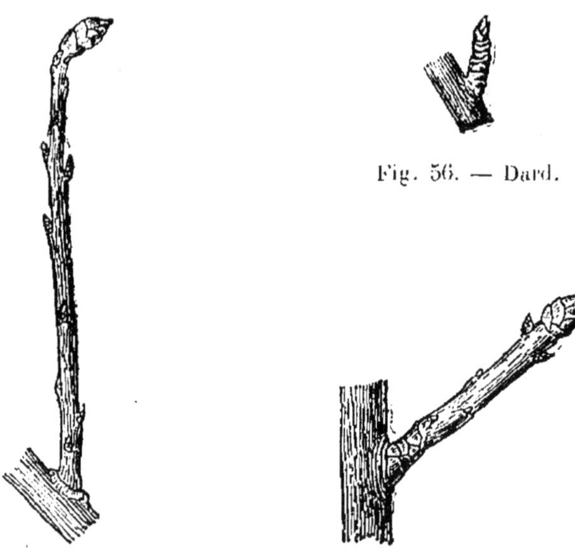

Fig. 56. — Dard.

Fig. 55. — Brindille couronnée d'un bouton à fleurs.

Fig. 57. — Lambourde lisse.

La *bourse* est une lambourde qui a fructifié. Elle présente au point d'attache du ou des fruits une protubérance qui a reçu le nom de *bourse* (fig. 59 et

60). Bien constituée, elle doit être ménagée, car elle produit avec une très grande facilité sur sa surface des dards qui se transforment vite en petites lambourdes.

La bourse, lorsqu'elle est simple, est tout simplement *rafraîchie* à la serpette ou au sécateur (fig. 60).

Fig. 58. — Lambourde ridée.

Fig. 59. — Bourse simple.

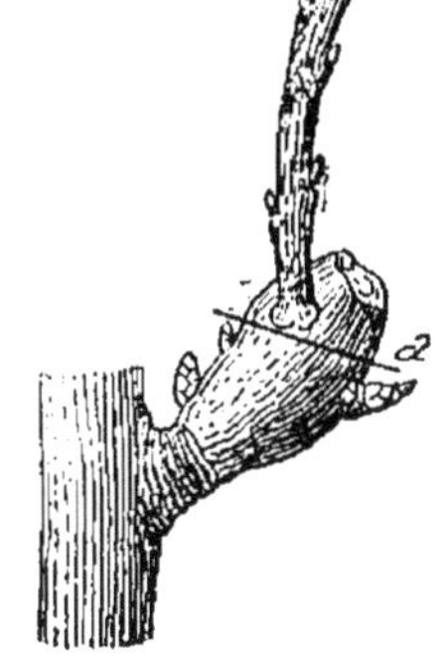

Fig. 60. — Bourse portant une petite ramification. La taille est effectuée en *a* sur trois petits dards.

Nous avons supposé les branches fruitières simples ; maintenant nous devons appliquer la taille trigemme aux différents cas de branches fruitières plus compliquées.

Fig. 61. — Rameau à bois dont les 3 yeux sur lesquels on a taillé sont restés à l'état de dards.

Nous allons prendre comme point de départ notre rameau à bois taillé à trois yeux. Si ces trois yeux pendant la végétation grandissent peu, restent à l'état de dard (boutons mixtes de M. Courtois), à la taille suivante il n'y a rien à faire : la branche reste telle quelle (fig. 61).

Au contraire, si l'œil de taille se développe en bourgeon et que les deux autres yeux se forment en boutons mixtes, la taille se fera à un œil au-dessus du premier. Nous aurons donc 2 dards plus un œil (fig. 62 et 63).

Il peut se présenter encore deux autres cas. Deux yeux au lieu d'un peuvent

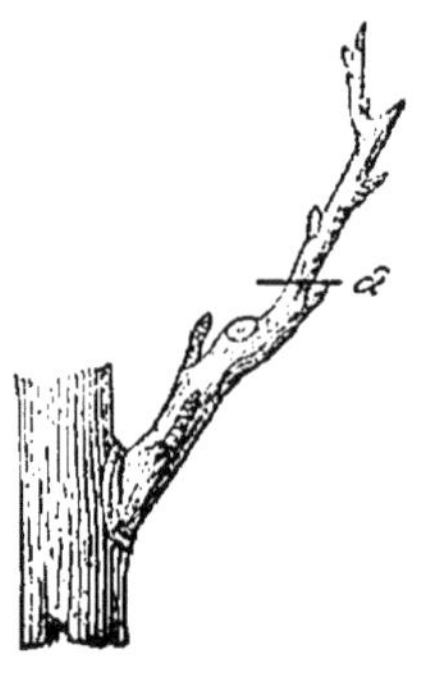

Fig. 62. — Branche fruitière portant 2 dards plus un rameau auquel on fait subir une taille à un œil au-dessus de ces 2 derniers.

Fig. 63. — Rameau taillé à 3 yeux. L'œil supérieur seul s'est développé. le bourgeon qui en est résulté doit être pincé à 3 ou 4 feuilles.

pousser : des deux bourgeons qui en résultent, le supérieur est supprimé ; il ne reste plus à la taille qu'un dard plus un rameau pincé sur lequel on taille à 2 yeux. On a donc 1 dard plus 2 yeux (fig. 64).

Fig. 64. — Branche fruitière portant 1 dard plus un rameau, lequel est taillé à 2 yeux au-dessus du dard.

Enfin, le dernier cas est représenté par un rameau dont les trois yeux se développent en bourgeons. Dans cette alternative on supprime les deux bourgeons supérieurs (fig. 65) pour revenir, par une taille en vert, sur le premier, que l'on traite comme il va être dit tout à l'heure. Ce dernier cas nous mettra en présence, à la taille d'après, d'un rameau que nous taillerons à trois yeux. Tout est donc à recommencer (fig. 66).

Fig. 66. — Branche fruitière portant un seul rameau taillé à 3 yeux.

Fig. 65. — Rameau dont les 3 yeux sur lesquels on a taillé se sont développés. Les 2 bourgeons supérieurs sont supprimés en *a*, celui restant pincé à 3 ou 4 feuilles.

Fig. 67. — Branche fruitière portant 3 boutons à fleurs. La taille a lieu en *a* ou en *b* afin de ne conserver qu'un ou deux boutons.

Lorsque les dards (ou boutons mixtes de M. Courtois) sont couronnés, qu'ils sont à fleurs, une coursonne en porterait-elle trois qu'il n'y a nul avantage à en conserver plus d'un. La taille doit se faire directement sur un bouton à fleurs, à moins qu'il n'y ait peu de fruits sur l'arbre, on taillerait alors comme le montrent les fig. 67, 68 et 69, car lorsque les boutons mixtes sont arrivés à cet état ils ne *partent* plus à bois. L'inflorescence du poirier est un *corymbe* portant par conséquent plusieurs fleurs et pouvant ainsi donner plusieurs poires. Les fleurs sont toujours accompagnées d'un bourgeon que nous apprendrons à traiter.

Fig. 68. — Branche fruitière constituée par 2 boutons plus un rameau. La taille a lieu en *a* ou en *b*, suivant qu'il y a lieu de conserver un ou deux boutons.

Fig. 69. — Branche fruitière portant 1 bouton, 2 dards plus un rameau. Le rameau plus les 2 dards sont supprimés et la taille est établie en *a* au-dessus du bouton.

Mais un autre cas, qui n'est pas rare, peut se pro-

Fig. 70. — Branche fruitière portant 2 boutons en formation plus 1 bourgeon. Ce résultat est celui qu'a donné la taille sur 2 dards plus 1 œil. Le bourgeon est pincé à 4 feuilles.

duire, c'est le suivant : Sur une coursonne portant trois dards, comme le montre la figure 71, l'inférieur, au lieu du supérieur, se développe en bourgeon. Faut-il supprimer les deux dards et établir la taille sur le bourgeon? Non. Les boutons mixtes doivent être considérés comme étant la première étape de l'œil vers la fructification : il faut les conserver, le bourgeon seul est enlevé sur son empâtement (fig. 71).

D'autres types de branches fruitières plus compliqués se présentent et se trouvent surtout sur les arbres chez lesquels la taille a été négligée; nous laissons à l'amateur le soin de les réduire à l'un des types que nous avons passés en revue sur les figures précédentes.

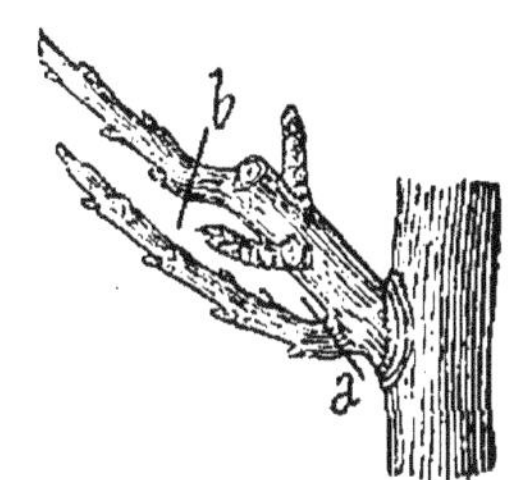

Fig. 71. — Branche fruitière portant 1 rameau à la base plus 2 dards et un rameau supérieur. Le rameau inférieur est coupé sur son empâtement en *a*; les 2 dards sont conservés et le rameau supérieur est taillé à un œil.

Toutes les branches fruitières doivent être suffisamment distantes les unes des autres pour que l'air et la lumière y arrivent librement; sept ou huit centimètres jusqu'à dix centimètres sont de bonnes distances.

Ébourgeonnement. — Les bourgeons trop nombreux sur une branche de charpente se nuisent mutuellement; il faut en supprimer lorsqu'ils ont quatre ou cinq centimètres. On commence d'abord par enlever ceux qui sont mal placés, ceux qui poussent derrière ou tout à fait devant les branches de charpente, pour n'avoir que des branches fruitières latérales, dans les espaliers et les contre-espaliers. Pour les formes libres, les branches fruitières étant prises tout autour des branches principales, les bourgeons qui seront trop rapprochés sont les seuls qui doivent être enlevés.

Les branches fruitières très compliquées, négligées ou mal taillées, développent quelquefois des bourgeons en grand nombre. Dans de semblables conditions il est préférable de choisir le plus près de la branche mère et de supprimer tous les autres. Ce dernier est pris comme point de départ pour recommencer la branche fruitière.

Pincement. — Les bourgeons uniques qui se développent sur les branches de charpente, ceux que portent les branches fruitières traitées comme nous l'avons dit, sont arrêtés dans leur développement à trois ou quatre bonnes feuilles (fig. 72), c'est-à-dire possédant chacun à leur aisselle un bon œil.

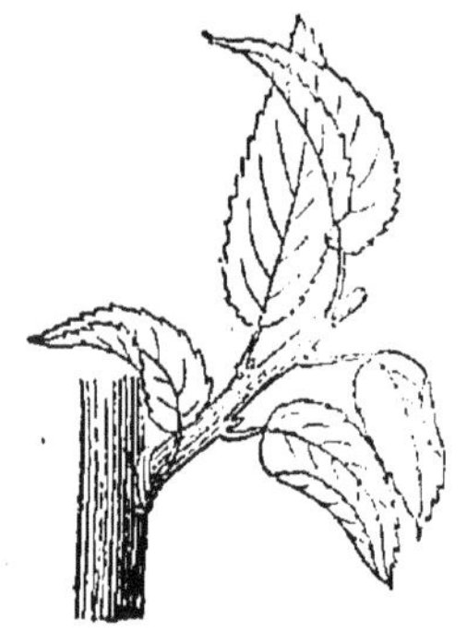

Fig. 72. — Bourgeon simple pincé à 3 ou 4 bonnes feuilles.

Les feuilles les plus inférieures, qui sont plus petites, qui forment quelquefois rosette, ne sont pas comptées.

Ce pincement doit s'effectuer lorsque le bourgeon est à l'état herbacé, pendant que son extrémité supérieure est encore jeune, facile à supprimer avec le pouce et l'index.

Après ce pincement les choses n'en restent pas là; il arrive assez fréquemment que l' « œil », qui devient ainsi terminal par cette opération, se développe lui-même en bourgeon. Ce dernier, appelé bourgeon anticipé, est alors arrêté lui-même à deux bonnes feuilles (fig. 73). Si l' « œil », qui devient de nouveau terminal par ce deuxième pincement, se développe encore, le bourgeon qui s'ensuit est pincé à une bonne feuille.

Un bourgeon pincé, au lieu de donner un seul bourgeon anticipé, peut en donner deux à la fois; dans ce cas il faut revenir sur le plus inférieur et traiter ce dernier comme il vient d'être dit (fig. 74).

Fig. 73. — Bourgeon simple pincé à 3 ou 4 feuilles en *a*. L'œil terminal s'étant développé, le bourgeon anticipé a été pincé à 2 feuilles en *a'*.

Fig. 74. — Bourgeon simple ayant produit après pincement 2 bourgeons anticipés. Le supérieur est supprimé en *a* et le 2e est pincé à 2 feuilles en *b*.

Ces bourgeons uniques parvenus à l'état de rameau sont taillés suivant les règles que nous avons exposées.

Époque de la taille. — On peut commencer à tailler le poirier et le pommier dès que les feuilles sont tombées, pendant tout l'hiver, une partie du printemps jusqu'à la reprise de la végétation.

Si la taille est effectuée de bonne heure sur des dards, nullement préparés à la fructification, ceux-ci se transforment bien souvent alors en boutons à fruits. La cause nous paraît être due à la migration, vers ces organes, des principes nutritifs immédiats mis en réserve dans le corps de l'arbre.

Il faut toutefois se bien garder de tailler pendant

les grands froids, lorsque les rameaux sont couverts de givre; exécutée dans de semblables conditions, elle pourrait devenir désastreuse.

La taille doit être terminée quelque temps avant que tous les organes commencent à se développer.

Tous les rameaux de prolongement devront être taillés à la serpette.

Distances de plantation. — Nous savons déjà que nos poiriers conduits sous formes palissées doivent avoir leurs branches à vingt-cinq ou trente centimètres les uns des autres. Avec ces distances connues, arrêtées, il est facile de trouver la distance à laquelle il faut planter chaque arbre élevé sous une forme déterminée.

Toutefois, comme la pyramide, le fuseau, etc., ne font pas partie de ce groupe et qu'ils ne sauraient être mis en terre à des distances prises au hasard, nous allons donner pour eux, et en même temps pour les autres, celles qui sont le plus généralement admises.

Hautes-tiges sur franc................	5 m.
Pyramides sur cognassier..............	3 m.
— sur franc................	4 m.
Fuseaux ou colonnes................	1 m. 50
Cordons verticaux..................	0 m. 35
— obliques...................	0 m. 35
Palmettes simples sur franc...........	7 à 8 m.
— sur cognassier......	5 m.
Cordons horizontaux................	3 m. à 3,50
Palmettes à branches verticales dites formes *Verrier*, palmette à 1 série.	0 m. 90
Palmette *Verrier* à 2 séries...........	1 m. 50
— à 3 séries...........	2 m. 10

Pour les palmettes à séries plus nombreuses, on augmentera la distance de 60 centimètres pour chaque série en plus.

Insectes nuisibles et maladies. — Parmi les insectes qui occasionnent des dégâts à cet arbre fruitier, nous signalerons en premier lieu les larves d'un *coléoptère* bien connu, le hanneton. Pour le détruire, il faut rechercher les *vers blancs* en déchaussant les racines qu'ils rongent. Il faut aussi pratiquer le hannetonnage en ramassant les adultes par terre, avant la ponte, voire même en secouant les arbres pour les faire tomber, les tuer par l'eau bouillante ou, en les stratifiant, avec de la chaux vive.

Rhynchites. — Les rhynchites, plus particulièrement le *Rhynchites conicus*, coléoptère connu sous le nom de *lisette*, *coupe-bourgeons*, pratique des trous sur les bourgeons herbacés pour déposer dans chacun d'eux un œuf.

Après en avoir ainsi déposé un certain nombre, il incise aux trois quarts, vers la base, le bourgeon, qui finit par se flétrir et tomber.

Rechercher l'insecte parfait et le détruire. — Recueillir les bourgeons flétris et pendants, puis les brûler.

L'Anthonome du poirier (*Anthonomus pyri*). — Genre de *coléoptères* qui occasionne, certaines années, de très grands dégâts. C'est une sorte de charançon qui a pour mœurs particulières de pondre ses œufs dans les *boutons* à fruits. Les boutons attaqués se dessèchent sans s'épanouir.

Rechercher les adultes et les tuer. — Recueillir tous les boutons attaqués et les larves sur de grandes toiles, et les brûler.

Le Bupreste vert (*Agrilus viridis*). — Bien que n'étant pas mentionné dans le catalogue des *Insectes* *nuisibles* de M. Girard, comme attaquant le poirier, il est cependant très nuisible à cet arbre; il peut occasionner de très grands dégâts dans les pépinières. L'insecte parfait a surtout pour caractère particulier de pondre des œufs sur l'écorce des arbres, tige ou branche. Dès que les larves sont écloses, elles pénètrent entre le liber et le jeune bois, où elles creusent des galeries sinueuses.

La ponte a lieu en juin, juillet. Rechercher l'insecte parfait, qui est un *coléoptère*, et le détruire. Faire brûler aussi les branches attaquées dont on pourrait se passer. Pratiquer le décorticage sur les vieux arbres.

La Tenthrède éthiopienne (*Blennocampia æthiops* ou *Selandria atra*). — *Hyménoptère*, dont la larve est connue sous le nom de *ver limace* et qui ressemble assez à une mouche, s'il n'avait quatre ailes au lieu de deux. La larve, seule nuisible, est gluante, noirâtre, elle dévore le parenchyme des feuilles. Des pulvérisations à l'eau de tabac en ont raison.

Bombyx à cul brun (*Bombyx chrysorrhea, Liparis chrysorrhea*). — Les chenilles de ce *lépidoptère* éclosent en août, septembre, passent l'hiver sous des abris de soie, tissés dans des feuilles enroulées, puis dévorent les jeunes feuilles au printemps.

Récolter les nids pendant les plus grands froids de l'hiver et les faire brûler.

Bombyx neustrien (*Bombyx neustria*). — Les chenilles de ce papillon n'attaquent pas seulement le poirier, elles dévorent aussi les feuilles des abricotiers, cerisiers et pommiers. L'insecte parfait pond ses œufs, agglutinés en forme de bague, autour des rameaux et des branches. C'est pourquoi elle a reçu le nom de *chenille bagueuse.*

Écheniller. Récolter et brûler les rameaux sur lesquels les œufs sont déposés.

Le Céphe comprimé (*Cephus compressus*). — *Hyménoptère*, encore appelé *tenthrède comprimée*, ressemblant à une mouche; dépose ses œufs dans des trous qu'il perce sur la surface des bourgeons herbacés. Les endroits piqués gonflent, puis le bourgeon ne tarde pas à se dessécher.

Les bourgeons attaqués doivent être brûlés.

Carpocapse des pommes (*Carpocapsa pomonella*). — *Lépidoptère*. Attaque aussi les poiriers. — Les chenilles, seules nuisibles, se rencontrent dans les fruits. Le papillon dépose ses œufs sur eux vers le mois de juillet-août. Après avoir été rongés plus ou moins dans l'intérieur, les fruits tombent à terre. La chenille abandonne alors les fruits qu'elle a attaqués, se cache dans le sol ou sous des écorces, puis se file un cocon pour passer l'hiver.

Ramasser les fruits verreux et détruire les chenilles. Il est préférable de cueillir sur l'arbre les fruits verreux plutôt que d'attendre qu'ils soient tombés à terre pour les ramasser.

Teigne à fourreau (*Coleophora hemarobiella*). — *Lépidoptère*. L'insecte parfait est un papillon très petit qui dépose ses œufs sur les feuilles. La chenille éclose traverse l'épiderme pour se mettre au contact du parenchyme, qu'elle ronge.

Les galeries qu'elle se creuse ont à l'extérieur l'aspect de raies brunes.

Il y a deux générations par an.

Récolter et brûler les feuilles attaquées.

Tigre du poirier (*Tyngis pyri*). — *Hémiptère.* Le tigre est un suceur de feuilles; sans avoir de grandes dimensions, 4 millimètres environ, il n'en est pas moins redoutable.

Lorsque ces insectes sont en grand nombre sur les poiriers, les feuilles ne tardent pas à disparaître complètement. Ils s'attaquent principalement aux espaliers fin août, septembre.

Couper les feuilles et les brûler, ou, ce qui vaut mieux, seringuer le dessous des feuilles tous les soirs avec du jus de tabac additionné d'eau, 1 litre pour 15 litres d'eau. Un pulvérisateur rendrait des services.

Kermès coquille (*Lecanium conchyforme*). — Cet insecte est une cochenille connue des arboriculteurs sous le nom de *Tigre sur bois*. Il est parfois si abondant sur les branches des poiriers en espaliers qu'on a de la peine à distinguer l'écorce. Vues à la loupe, les coques brunes, petites, ressemblent assez à des coquilles de moule.

Les moyens de destruction employés jusqu'à ce jour ne sont pas très efficaces, les œufs, refoulés sous le corps de la mère, étant protégés par une sorte de cuirasse difficile à dissoudre.

On a recommandé les badigeonnages en hiver à la chaux phéniquée, et encore la composition suivante : Mélanger dans un vase en bois 500 grammes de savon noir avec 1 kilogramme de fleur de soufre, puis ajouter, par petites quantités à la fois, 4 litres d'eau bouillante. Cette préparation refroidie est appliquée *sur le vieux bois* à l'aide d'un pinceau.

Pucerons. — Tous les pucerons qui attaquent les poiriers sont détruits au moyen des seringages à l'eau de tabac. Nous recommandons de ne pas attendre qu'ils pullulent sur les feuilles.

1 litre de jus de tabac pour 15 à 20 litres d'eau, telles sont les proportions à observer.

Tavelure. — Cette maladie, due à un champignon parasite, microscopique, auquel on a donné le nom de *Fusicladium pyrinum*, se développe surtout sur les fruits du Doyenné d'hiver, du Saint-Germain, de la Bergamote Espéren, etc.

Cette affection, désignée sous le nom de tavelure, est combattue efficacement au moyen de la *bouillie bordelaise*, appliquée de bonne heure sur les fruits et le feuillage. Bien d'autres maladies pourraient trouver place dans cette liste; nous n'avons fait que signaler les plus importantes.

II

POMMIER

Origine. Histoire. Mode de végétation. — Le pommier, *Pyrus Malus* L., est un arbre fruitier précieux parmi ceux que nous cultivons, tant pour le jardin fruitier que pour la plantation du verger.

Si on en excepte l'extrême Nord, on le trouve spontané dans toute l'Europe. En cet état il vit dans la plupart des bois d'une grande partie de la France.

L'existence du pommier semble remonter à une date très reculée, préhistorique, et sa culture a tous les caractères d'une très grande ancienneté.

Les documents qui ont été recueillis à son sujet font supposer qu'il a pour première patrie l'Europe, l'Anatolie et le midi du Caucase. A l'état sauvage, son port, au lieu d'affecter la forme pyramidale, que prend quelquefois le poirier, reste arrondi; sa taille est aussi moins élevée : elle ne dépasse guère 10 à 12 mètres au maximum. Son branchage se présente à nous sous des aspects divers; il est plus ou moins étalé, retombant, ou, au contraire, exclusivement dressé.

Les rameaux pubescents portent des feuilles rangées dans le même ordre que celles du poirier; elles sont ovales et légèrement dentées. Le pétiole qui les porte est de longueur variable suivant les sujets.

Les fleurs disposées en corymbe sont extrêmement ornementales. Un pommier en fleur, à tête arrondie, à rameaux plus ou moins tombants peut supporter la comparaison avec nos plus beaux arbres d'ornement. Utilisé dans un parc parmi toutes les autres espèces, il n'y est nullement déplacé. Il possède aussi un système radiculaire un peu moins pivotant que celui du poirier, ses racines secondaires ayant quelque tendance à s'accroître horizontalement; ces dernières sont souvent plus nombreuses sur les jeunes sujets provenant de semis, que celles de poiriers de même origine. Cette particularité se transmet aux sujets qui proviennent de pépins extraits des pommes de nos variétés cultivées.

Variétés. — Comme nos variétés de poires, nos variétés de pommes sont très nombreuses. Nous choisirons parmi elles les meilleures pour l'été, l'automne et l'hiver; plusieurs vont même très avant au printemps.

Nous citerons moins de variétés de pommes que de poires, les pommiers n'occupant jamais une aussi grande place que les poiriers dans le jardin fruitier. Aussi bien, avec un choix restreint de variétés bien connues, on a de quoi satisfaire à toutes les exigences.

Choix de variétés d'été. — *Borowitski.* C'est une variété qui nous vient de Russie. Bien que sa pomme soit considérée comme fruit d'été, elle arrive à maturité à une époque qui fait qu'elle est toujours goûtée avec plaisir. De vigueur assez faible, l'arbre se laisse bien conduire sous formes palissées. Greffé en tête sur sauvageon vigoureux, il forme de belles tiges très hautes.

Maturité : août.

Rose de Bohême. — Très joli fruit. La peau, d'un blanc mat lavée de rouge vif du côté frappé par le soleil, en fait une pomme recommandable pour les desserts. La chair juteuse en est bonne.

Maturité : fin juillet et août.

Choix de variétés pour l'automne. — *Grand Alexandre.* C'est encore une variété russe. Le fruit est de toute première qualité, énorme et magnifique. La grosseur du fruit fait qu'il ne convient pas trop pour la haute tige.

Maturité : très irrégulière, octobre, mais quelquefois avant.

Græfenstein. — Plus connue sous le nom de *Gravenstein,* c'est une variété qui ne manque pas de mérite comme qualité. Sans être volumineux, le fruit est d'une grosseur moyenne, marbré de rouge nuancé.

Maturité : fin septembre, octobre.

Cox's orange pippin. — Variété qui nous vient d'Angleterre. Fruit de grosseur moyenne, renfermant une chair fine, juteuse, sucrée, bien relevée. Il est très bon.

Maturité : fin octobre; quelquefois peut aller jusqu'en janvier.

Reine des Reinettes. — C'est une variété tout à fait méritante, car l'arbre est très prodigue. Le fruit est bon, sans être très bon, à chair légèrement jaunâtre.

Maturité : cette variété peut se manger dès la fin de novembre, comme elle peut aussi se conserver jusqu'en fin février.

Ménagère. — La qualité de cette variété laisse à désirer. Nous la comprenons dans cette liste à cause de son volume. C'est une pomme énorme, d'apparat. Préférable pour la cuisson plutôt que pour être mangée au couteau. Formes naines.

Maturité : fin octobre et novembre.

Choix de variétés d'hiver. — Nous rentrons dans la catégorie qui nous fournira de quoi satisfaire les goûts les plus délicats.

Nous ne devons pas laisser ignorer que la maturité des fruits des variétés qui vont suivre n'a rien de précis, pouvant se prolonger quelquefois très avant dans le printemps.

Reinette dorée. — On comprend sous ce nom beaucoup de pommes qui sont loin de posséder les mêmes qualités. Celle que nous voulons désigner ici a encore pour synonymes : *Reinette jaune tardive*, *Reinette grise dorée*. C'est un excellent fruit dont la maturation se prolonge pendant tout l'hiver.

Pour l'avoir bonne il faut lui procurer un emplacement abrité, en sol sain.

Reinette grise. — Les Reinettes grises ne

manquent pas non plus. Celle que nous avons surtout en vue est encore connue sous le nom de *Reinette grise haute bonté.* Son fruit est de toute première qualité.

Maturité : courant de l'hiver, se prolongeant très souvent jusque dans les premiers mois du printemps.

Reinette franche. — C'est une variété un peu délicate, qui forme rarement des arbres à grand développement en haute tige. En cordon horizontal, rapprochée d'un mur, à bonne exposition, ses fruits acquièrent un parfum délicat. Presque partout elle se montre très fertile.

Maturité : courant de l'hiver.

Belle fleur jaune. — Elle paraît nous venir des Etats-Unis, où elle est désignée souvent sous le nom de *Lineous pippin.* L'arbre nous a toujours paru très vigoureux sur *paradis.* Si l'on veut établir avec lui des cordons horizontaux, nous recommandons de laisser entre eux une distance d'au moins 4 mètres.

Belle et excellente pomme; nous n'avons jamais trouvé que cette variété fût *d'une fertilité grande et soutenue.*

Maturité : courant hiver. Nous l'avons trouvée très bonne en mars.

Calville blanc. — Cette variété, qu'on aurait bien dû appeler la Reine des Reinettes, est désignée bien souvent et, exclusivement en Lorraine, sous le nom de *Reinette à côtes.* Seulement le fruit est délicat, il se tavelle en plein air et même en espalier. Mais comme il est la meilleure de nos pommes, nous pouvons, sans avoir à nous en repentir, prodiguer à l'arbre quelques soins particuliers : Espalier, au levant, sur *paradis*, forme en U ou en palmette *Verrier* à 1 ou 2 séries, suivant la hauteur du mur; protéger les branches dès l'automne et la floraison au printemps au moyen d'auvents; on est ainsi à peu près assuré d'obtenir des pommes qui n'ont leur pareille en aucune autre de nos variétés.

Pépin gris de Parker. — C'est une variété d'origine anglaise. L'arbre se plaît bien en plein vent; il forme de belles hautes tiges. Sous toutes formes il donne d'excellents résultats.

Le fruit, de moyenne grosseur, a une chair fine, tendre et bien juteuse; il est très bon.

Maturité : courant de l'hiver.

Pearmin d'Adam. — L'arbre ne pousse pas très droit, il a besoin d'un tuteur pour former de belles hautes tiges. Nous conseillons de greffer cette variété en tête sur sujet vigoureux et droit. Les rameaux pendants donnent à l'ensemble de l'arbre un aspect particulier. Le fruit est excellent.

Maturité : courant de l'hiver.

Pearmin Heredfordshire. — Le fruit est de moyenne grosseur, assez irrégulière. La chair est fine, bien parfumée. Il est très bon. L'arbre se plaît sous toutes formes.

Reinette du Canada. — Le mérite de cette variété est si généralement connu qu'il est inutile de faire ressortir ici ses qualités. Le fruit est de toute première qualité et, quoique gros, résiste bien aux coups de vent lorsque l'arbre est élevé à haute tige.

Maturité : jusqu'en mars, quelquefois plus tard.

Fenouillet gris ou **F. anisé**. — Le fruit n'est

pas en général classé très bon, comme tous ceux d'ailleurs qui ont une saveur particulière, un goût prononcé, qui ne plaît pas toujours à tout le monde. Les personnes qui aiment le goût anisé trouveront dans ce fruit une chair fine, tendre, très agréable.

Maturité : hiver et printemps.

Nous ne terminerons pas cette liste sans mentionner toutefois une jolie petite pomme, qui décore admirablement un compotier :

L'Api rose en effet est si joli lorsqu'il est bien coloré qu'on nous en voudrait de l'oublier. *Greffé sur paradis*, l'arbre est remarquablement fertile. Lorsqu'on a négligé l'éclaircissage des fruits, ils se tiennent groupés par paquets d'un effet tout à fait ravissant.

Nous aurions pu augmenter considérablement cette liste; nous avons préféré nous en tenir à un petit nombre et choisir parmi les meilleures, les plus avantageuses et les plus intéressantes.

Climat. — Exposition. — Sol. — Le pommier n'est pas un arbre de la région méridionale; il aime les contrées qui possèdent une certaine humidité atmosphérique. Le climat du nord-ouest lui est particulièrement favorable. Dans ceux du centre-ouest il y prospère bien et les fruits qu'il donne sont très savoureux.

Comme exposition il n'est pas difficile : celles du nord et du nord-ouest ne lui sont pas aussi contraires que pour la majorité de nos variétés de poires.

Nous devons cependant appeler l'attention à nouveau sur le *Calville blanc*, qui demande, pour acquérir toutes ses qualités, l'espalier à bonne exposition. C'est une variété pour laquelle il ne faut rien négliger.

Ce qui précède s'applique aussi, mais avec moins de rigueur, à la *Reinette franche*, que nous avons vue fort belle ailleurs qu'en espalier.

Moins difficile que le poirier, le pommier prospère dans tous les sols, à moins qu'ils ne soient trop calcaires ou absolument sableux. Les bonnes terres à blés à sous-sol perméable sont celles qui lui conviennent.

Multiplication. — Un seul mode de multiplication est employé pour propager nos variétés connues : *la Greffe*. Le semis n'est utilisé que pour la recherche des fruits nouveaux et l'obtention des sujets destinés à être greffés.

Le pommier se greffe sur *franc* ou *égrin*. Il se greffe aussi sur deux *variétés* particulières, quelques personnes disent *espèces*, *doucin* et *paradis*. Ces derniers, comme porte-greffes, jouent un très grand rôle dans sa culture, étant employés dans des cas particuliers qu'il est indispensable de connaître.

Lorsqu'on veut obtenir des arbres à haute tige, ou bien faire de grandes formes en espalier, il faut greffer sur *franc*, tandis que le *doucin* est réservé pour les arbres que l'on désire conduire sous des formes moyennes. Le *paradis* trouve son application pour l'élevage des arbres nains : Cordons horizontaux, U, palmette *Verrier* à 1 série, etc.

Paradis et **doucin** s'obtiennent par marcottage en *cépée* et le *franc* par semis.

Le pommier permet tous les procédés de greffage : en *écusson*, en pied et en tête, en incrustation, en fente et à l'anglaise.

Formes. — Toutes les formes applicables au poirier le sont également au pommier. Disons toutefois qu'en dehors de la haute tige, le gobelet, dont nous avons parlé, et le cordon horizontal en bordure d'allées et de *costières*, sont les formes que l'on rencontre le plus dans les jardins. L'espalier, forme en U, palmette *Verrier* à 1 et 2 séries, n'est employé que pour les variétés délicates.

Le cordon horizontal (fig. 75), sur lequel nous n'avons rien dit à dessein à l'article *Poirier*, est facile à obtenir.

Pour établir une ligne de *cordons horizontaux*, il faut prendre des scions d'un an *greffés sur paradis*. Après avoir tendu, à 0,35 ou 0,40 au-dessus du sol, une ligne de fil de fer maintenue à chaque extrémité par des piquets ou du fer à T arc-boutés, les jeunes sujets sont plantés à 3 mètres les uns des autres. Ce n'est pas tout : ainsi établi, le fil de fer serait trop mobile; aussi est-il nécessaire d'enfoncer verticalement au pied de chaque arbre une petite latte qui servira de point d'appui au fil de fer en même temps que de guide pour le jeune sujet.

Si la plantation est exécutée à l'automne, de bonne heure, on peut, au printemps, suivant l'état des jeunes arbres, commencer à les fixer sur la petite latte, jusqu'à une certaine hauteur, pour faciliter la courbure gracieuse que doit prendre la partie libre avant d'être maintenue horizontalement sur le fil de fer. Cette opération ne doit se faire que lorsque la végétation est déjà active, que le bois est suffisamment souple pour qu'étant courbé il ne se rompe pas : fin avril est en général le moment opportun.

Si la plantation n'avait lieu qu'au printemps, il serait quelquefois préférable d'attendre l'année d'après pour fixer les arbres sur le fil de fer.

Rien n'empêche non plus d'établir une deuxième ligne de *cordons horizontaux* au-dessus de la première (fig. 75).

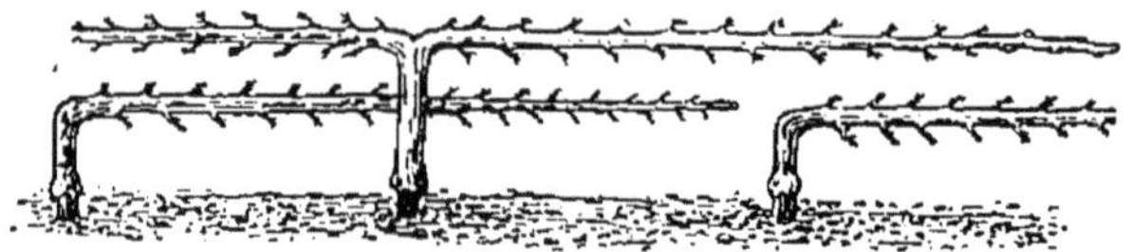

Fig. 75. — Pommiers dirigés en cordons doubles.

Taille des branches fruitières. — Les arboriculteurs n'établissent pas de différence dans la taille des branches fruitières du poirier et du pommier, ils la pratiquent de la même façon. Nous ferons seulement remarquer que le pincement des bourgeons à 3 yeux semble plus court, les yeux de la base étant meilleurs.

Insectes nuisibles et maladies. — Les insectes qui causent des dégâts aux pommiers sont à peu près les mêmes que ceux qui attaquent le poirier. Ce que nous en avons déjà dit nous dispensera d'y revenir. Il y en a un cependant qui est spécial au pommier et que nous ne pouvons passer sous silence, car il occasionne de très grands dégâts : c'est le *Puceron lanigère*.

Il attaque toutes les parties de l'arbre : branches, rameaux, bourgeons et quelquefois les racines. L'enduit laineux qui recouvre l'insecte le rend difficile à détruire.

Le jus de tabac additionné de moitié d'eau donne de bons résultats. Nous nous sommes servi à l'École d'horticulture de Versailles d'une préparation dont voici la composition : Pour 1 kil. de savon noir on prend 1 litre de pétrole que l'on verse par toutes petites quantités à la fois sur le savon en remuant constamment. On ajoute ensuite à ce mélange 10 litres d'eau. Cette préparation comme la première est appliquée au pinceau.

Comme maladies il y a le *Chancre* qui semble être occasionné par un champignon microscopique, le *Nectria ditissima*. Cette sorte de décomposition des tissus semble avoir un remède dans la *bouillie bordelaise*.

III

PÊCHER

Origine. — Histoire. — Mode de végétation. — Le pêcher, *Amygdalus Persica* L., *Persica vulgaris* Miller, *Prunus Persica*, Bentham et Hooker, considéré comme étant originaire de la Perse, aurait au contraire comme première patrie la Chine. Cette hypothèse, déjà émise par Alphonse de Candolle dans sa *Géographie botanique*, semble prendre le caractère de la réalité dans l'état actuel de nos connaissances. Les nouveaux documents que le même auteur a recueillis depuis et qu'il a fait connaître dans son *Origine des espèces*, semblent confirmer d'une façon péremptoire que les suppositions qu'il avait déjà émises n'étaient pas trop avancées. L'hypothèse d'une origine persane nous vient probablement de ce qu'il a été introduit en Europe de cette contrée.

Le pêcher, de la famille des Rosacées, est cultivé depuis la plus haute antiquité; il était connu des Grecs et des Romains avant l'ère chrétienne.

Laissé en liberté, le pêcher est un arbre de troisième grandeur, dépassant rarement 5 à 6 mètres; il se forme naturellement en tête arrondie. Soumis à une taille raisonnée, le pêcher à bonne exposition est l'arbre qui prend le plus de développement. Il peut alors développer 70 et même 80 mètres de longueur de branches de charpente.

Les *yeux* et les boutons qui se présentent sur les rameaux peuvent se grouper très diversement. Il y a des rameaux qui ne portent que des yeux à bois, d'autres que des boutons simples ou doubles; enfin ces deux organes peuvent se trouver associés. Il y a en effet des rameaux, ce sont les meilleurs, qui portent en même temps les deux à la fois : un œil au milieu et un bouton de chaque côté. Les rameaux portant ces organes ainsi groupés sont reconnaissables *pendant la végétation*, car à l'endroit où ils doivent naître, qui correspond à l'aisselle d'une feuille, il se présente sur esl bourgeons 3 feuilles : 1 grande au milieu, et 2 petites de chaque côté (fig. 76).

Fig. 76. — Bourgeon de pêcher portant des yeux doubles et des yeux triples, reconnaissables pendant la végétation.

Les bourgeons ont une telle propension à pousser

qu'il n'est pas rare de voir ces derniers donner une deuxième génération de bourgeons, auxquels on a appliqué le nom de *bourgeons anticipés*, et dont nous aurons occasion de parler au chapitre de la *Taille*.

Tout le monde connaît les feuilles longuement lancéolées du pêcher. Si nous en parlons, c'est pour rappeler qu'à la base du limbe, sur le pétiole, un grand nombre de variétés portent de petites glandes, réniformes ou globuleuses, qui peuvent servir à défaut de fruits, avec d'autres caractères, à reconnaître une variété.

Variétés. — La pêche est proclamée le meilleur des fruits à noyau. Les variétés produites par la culture sont nombreuses; elles ont été groupées en deux sections : *Pêches à peau duveteuse* et *P. à peau lisse*. Chaque section, elle-même, suivant que le noyau est ou non adhérent à la chair, a été divisée en 2 groupes : *Pêches ordinaires* et *Pêches Pavies*, pour la première; *Pêches Nectarines* et *P. Brugnons*, pour la deuxième. On a donc :

Pêches à peau duveteuse :	à noyau libre : Pêches ordinaires.
	à noyau adhérent : Pêches Pavies.
Pêches à peau lisse :	à noyau libre : Pêches Nectarines.
	à noyau adhérent : Pêches Brugnons.

Aucune variété n'a été adoptée par la Société Pomologique de France dans le groupe des Pavies; c'est dire qu'elles n'ont pas beaucoup d'importance pour nous.

Quelques pomologues trouvent moyen de faire rentrer dans la section des *Pêches à peau duveteuse* les *Sanguines* et les *Alberges* qui sont des pêches à peau rouge et à chair jaune.

PÊCHES ORDINAIRES

Amsden. — Bon fruit, devenant relativement gros. Cette variété est originaire des États-Unis : c'est une de nos plus précoces.

L'arbre se plaît bien en haute tige, là où il peut fructifier, cela va sans dire.

Maturité : fin juin, juillet.

Alexander. — Comme la précédente, elle est originaire des États-Unis et ne lui cède en rien en qualité et en hâtiveté. Sous ce dernier rapport il semblerait même qu'elle soit un peu plus précoce. Mais comme elle est relativement nouvelle, nous ne pouvons rien affirmer. L'arbre peut être avantageusement élevé à haute tige.

Maturité : fin juin, juillet.

Mignonne hâtive. — Celle-ci et les suivantes donnent des fruits de toute première qualité.

Le fruit de la mignonne est gros, bien coloré, à chair fine, blanche, colorée de rouge vers le noyau ; il est très bon.

Maturité : Première quinzaine d'août.

Grosse mignonne ou **Mignonne ordinaire.** — C'est une variété ancienne. L'arbre est vigoureux, fertile. Le fruit, recouvert d'une peau verdâtre passant au rouge brun à l'insolation, est d'excellente qualité.

Maturité : Deuxième quinzaine d'août.

Galande. — L'arbre est vigoureux et productif. Il porte un fruit qui est un des meilleurs de l'époque, avec cela superbe par son coloris rouge foncé aux endroits frappés par le soleil.

Maturité : fin août.

Belle-Beausse. — C'est une de celles qui succèdent avantageusement à la *Galande* et à la *Grosse mignonne*.

Le fruit est aplati, plus large que haut, à chair fondante, bien sucrée et très parfumée.

Maturité : Première quinzaine de septembre.

Reine des vergers. — C'est une de nos variétés les plus vigoureuses et avec cela fertile.

Le fruit devient quelquefois volumineux, et parfait ses qualités au fruitier lorsqu'il y est porté avant qu'il soit complètement mûr.

Maturité : Première quinzaine de septembre.

Bonouvrier. — L'arbre est vigoureux et très fertile. Le fruit est assez gros, un peu aplati, renfermant une chair qui est presque toujours très bonne, avec un goût bien relevé.

Maturité : fin septembre.

Salway. — Nous terminerons avec cette variété la liste des pêches *duveteuses* à noyau libre. A cette époque avancée de l'année nous n'avons pas besoin d'être aussi exigeants; le fruit de cette dernière ne possède pas la finesse de goût que nous avons constatée chez ceux des variétés précédentes. Il a cependant une saveur abricotée qui ne déplaît pas. Il est bon.

Maturité : octobre.

PÊCHES NECTARINES : P. GLABRES

Galopin. — C'est une des plus grosses pêches de ce groupe. Le fruit possède une chair bien fine, très agréablement parfumée.

Maturité : Première quinzaine de septembre.

Victoria. — Le fruit est assez gros, joliment coloré; il possède une chair fine, très parfumée; le goût en est exquis.

Maturité : Deuxième quinzaine de septembre.

PÊCHES BRUGNONS

Brugnon violet musqué. — Le fruit est moyen, à chair adhérente au noyau. Très mûr, la chair qu'il possède est relevée d'un goût vineux musqué qui est très agréable.

Maturité : Première quinzaine de septembre.

Climat. — Exposition. — Sol. — Le pêcher appartient à la culture du midi. Sous ce climat il y est cultivé très en grand et fournit d'abondants produits. Dans les pays septentrionaux sa culture est plus aléatoire; cependant il existe des variétés assez hâtives pour y mûrir leurs fruits en plein air. A l'abri d'un mur et à bonne exposition, sous le climat de Paris, on obtient des pêches qui n'ont d'égales nulle part.

La branche, le rameau bien aoûté, y supportent assez bien les rigueurs de l'hiver; mais ce sont surtout les gelées printanières, les pluies froides qui font du tort aux pêchers pendant la floraison.

Le climat donne lieu à deux genres de culture : dans le midi, le sud-est, le sud-ouest, le pêcher est cultivé en plein vent. Dans presque tout le centre et le nord il est au contraire en espalier. A bonne exposition, sur le versant d'un coteau exposé au midi, la culture des pêches est encore possible en plein vent, sous un climat analogue à celui de Paris, en choisissant, bien entendu, des variétés hâtives.

Si on excepte le climat du midi, l'exposition la meilleure comme espalier, pour la majeure partie de la France, est le sud, puis l'est et l'ouest. Cette dernière n'est pas très favorable à la floraison et à l'aoûtement des rameaux, mais lorsqu'on a soin de protéger les arbres des intempéries au moyen des auvents, posés sur les consoles à l'automne, jusqu'à ce que les gelées printanières ne soient plus à craindre, elle devient presque égale à l'exposition du levant.

Les divers sujets qui servent de supports de greffes à nos variétés ont des exigences spéciales. L'étude des qualités du sol qui conviennent aux pêchers trouvera donc sa place lorsque nous mentionnerons les aptitudes propres à chacun.

Multiplication. — Bon nombre de variétés se reproduisent assez fidèlement par le semis. C'est le mode employé dans le midi, le Lyonnais, la Côte-d'Or, pour propager les variétés locales cultivées en plein vent.

Dans le jardin, ce n'est pas le plus avantageux; le procédé auquel on a recours est le greffage.

Quatre sujets peuvent servir d'intermédiaires à toutes nos variétés : le *pêcher*, ou sujet *franc*; l'*amandier* à coque dure et à amande douce; le *prunier*, variétés *Saint-Julien*, *Damas noir* et *Damas de Toulouse*. On emploie quelquefois le *P. Myrobolan*; il ne donne jamais de bons résultats, et doit être rejeté absolument.

L'*abricotier*, peu employé, donne cependant des résultats satisfaisants.

L'*amandier* est le sujet de prédilection pour les terres de moyenne consistance, calcaires, profondes et saines; le pêcher greffé sur lui y croît avec vigueur.

Le *prunier* est l'équivalent du cognassier dans la multiplication du poirier. Les sols humides argileux, peu profonds, dans lesquels les racines de l'amandier ne se développeraient qu'insuffisamment ou pourriraient, sont propres à recevoir le pêcher greffé sur prunier.

Le *franc*, ou pêcher obtenu de noyaux, joue un très grand rôle dans la culture du pêcher dans le midi de la France, où il est préféré à l'amandier.

L'*abricotier* est rarement employé. Toutefois, lorsqu'on a des doutes sur la réussite des trois autres sujets, dans des terres maigres, arides, peu profondes, l'abricotier y joue un excellent rôle.

Dans les conditions ordinaires de la culture, l'abricotier, comme sujet, a été signalé dans les publications horticoles comme donnant des résultats supérieurs à l'amandier.

Tous ces sujets : amandier, prunier, franc, abricotier, s'obtiennent de semis. Les graines sont stratifiées à l'automne et semées au printemps.

Les pêchers sont greffés en écusson sur ces différents sujets fin août, première quinzaine de septembre sur amandier, fin juillet commencement d'août sur prunier, en août sur franc et première quinzaine du mois d'août sur abricotier.

Des formes adoptées pour élever le pêcher dans les jardins. — A l'exception de la haute tige, qui n'est utilisée que dans le midi et, dans des cas exceptionnels, dans le nord, de la *pyramide*, du *gobelet*, du *vase* qui sont autant de formes libres, excepté la dernière, toutes les autres : *cordon ver-*

tical, c. oblique, U, palmettes Verrier à séries plus ou moins nombreuses, palmette simple (fig. 77), etc., sont autant de formes auxquelles le pêcher peut être soumis. Ajoutons qu'il n'y a pas d'arbres fruitiers qui se prêtent mieux que lui aux caprices du jardinier.

Contrairement à ce que nous avons vu pour le

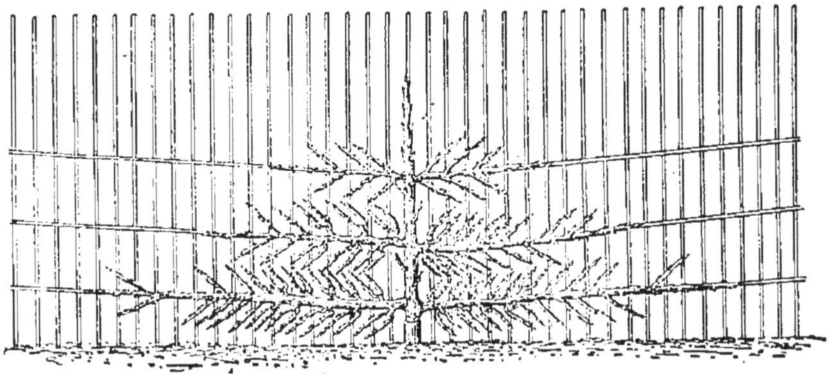

Fig. 77. — Palmette simple de pêcher avec treillage approprié.

poirier, les branches de charpente doivent être distancées les unes des autres à 50 ou 60 centimètres.

Les formes s'obtiennent de la même manière; on fera en sorte de tailler très peu ou de ne pas tailler du tout les branches charpentières qui sont équilibrées.

Nous recommandons de vouloir bien se reporter au chapitre : *De la taille appliquée à la formation et à l'entretien des arbres.*

Choix des jeunes pêchers. — Les sujets doivent avoir un an de greffe, pas plus. Ils doivent posséder une écorce lisse, saine, dénudée de ramifications, *bourgeons anticipés*, sur au moins 30 à 35 centimètres au-dessus du sol, et cela pour pouvoir prendre le premier étage qui doit se trouver à cette hauteur (fig. 78).

Dans aucun cas on ne devra se servir des rameaux anticipés, *développés dans la pépinière*. Si les sujets se présentaient très ramifiés, dès la base (fig. 80),

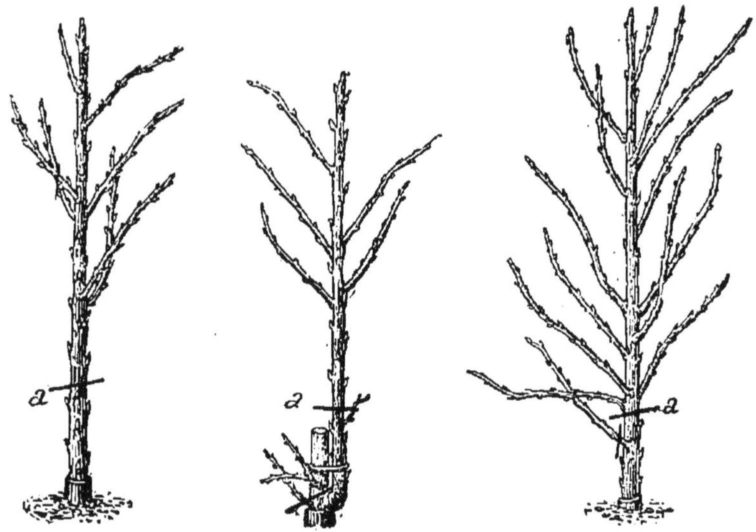

Fig. 78. — Sujet de pêcher âgé d'un an, taillé la première année en *a* à 0,30 ou 0,35 au-dessus du sol pour faire développer les bourgeons sur lesquels sera établie la charpente.

Fig. 79. — Résultat obtenu par le recepage, et taille du rameau, en *a*, comme véritable sujet.

Fig. 80. — Sujet de pêcher trop ramifié à la base, taillé en *a* au-dessus des yeux non développés.

on les utiliserait de la manière suivante : au lieu de prendre l'étage à une distance du sol inférieure à celle que nous avons donnée (30 ou 35 centimètres), on taille au-dessous des ramifications anticipées, pour provoquer le développement des yeux qui ne le sont pas. Lorsque les bourgeons qui en résultent ont atteint 20 ou 25 centimètres de longueur, *pas plus tôt*, le choix se porte sur le plus vigoureux, qu'on élève dans une direction verticale; les autres sont pincés à leur longueur et arrêtés plusieurs fois pendant la végétation, mais non supprimés.

Le bourgeon choisi fournira pour l'année suivante la tige sur laquelle on établira la taille pour obtenir le premier étage (fig. 79).

Dans le pêcher, la taille effectuée la première année n'offre aucune contestation; il faut tailler.

Branches fruitières. — Comme pour le poirier, toutes les *branches fruitières* ne produisent pas de fruits, mais elles peuvent toutes en produire. Les branches qui ne fructifient pas sont : la *coursonne*, le *rameau à bois* et le *gourmand*.

La coursonne. — Elle est le support des branches fruitières ; c'est l'intermédiaire entre la branche de charpente et les productions fruitières proprement dites. Elle doit être tenue courte, et raccourcie lorsqu'elle est trop allongée et quand cela est possible.

Le rameau à bois. — C'est une production qui porte sur toute sa longueur des yeux à bois.

Le gourmand. — C'est aussi une production infertile, comme le rameau à bois; la différence réside seulement dans la vigueur. Non pincé, il peut atteindre 80 cent. et plus de longueur. Dans les arbres bien tenus, les gourmands ne doivent pas exister. On s'en sert pour rajeunir les pêchers quand on les *restaure*.

Branches fertiles, bouquet de mai ou *cochonnet.* — C'est un petit rameau court de 4 à 8 centimètres de longueur, qui porte des boutons groupés en petits paquets, en nombre variable. C'est lui qui produit les plus beaux fruits (fig. 81).

Le *rameau mixte* ou *branche à fruits* constitue les 3/4 des branches fruitières du pêcher (fig. 82). Pincé, il ne doit pas avoir plus de 25 à 30 centimètres de longueur. Il porte au-dessus de son point d'attache des yeux à bois, puis plus haut des boutons doubles au milieu desquels se trouve un œil à bois. Les yeux de la base doivent fournir le ou les rameaux de remplacement.

Fig. 81. — Bouquet de mai.

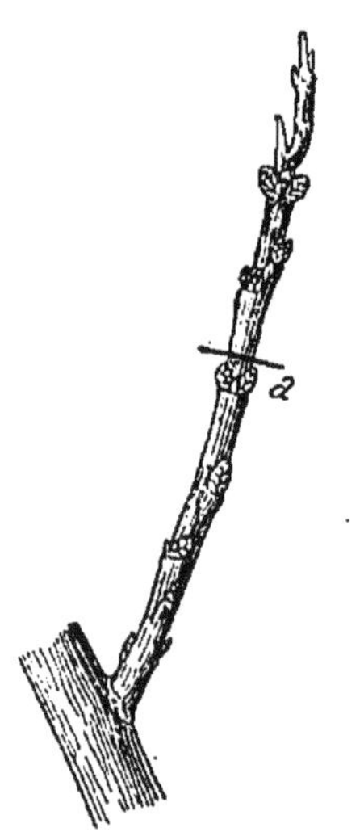

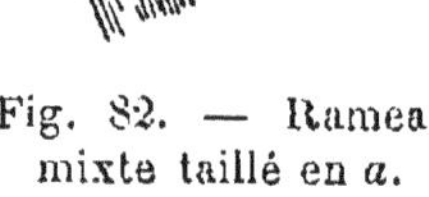

Fig. 82. — Rameau mixte taillé en *a*.

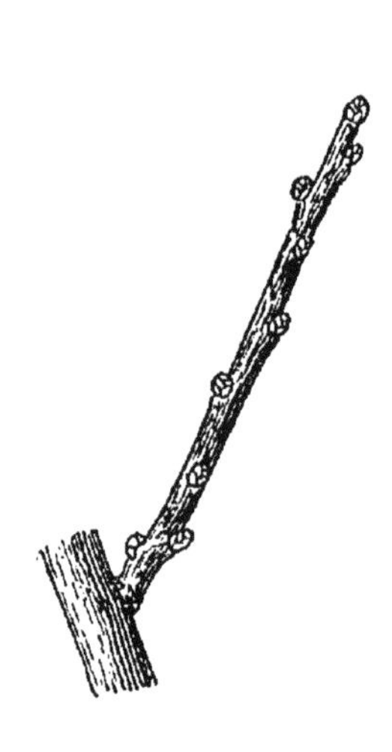

Fig. 83. — Branche chiffonne.

Branche chiffonne ou *rameau chiffon* (fig. 83). — C'est la plus mauvaise de toutes, maigre, chétive, à écorce grisâtre; elle est garnie sur toute sa longueur de *boutons simples*, sans yeux à bois. On ne peut donc pas la remplacer. Elle porte quelquefois, mais rarement, un œil à la base; le plus souvent il n'y en a qu'un à l'extrémité.

Taille des branches fruitières. — Le fruit vient sur le bois âgé d'un an. Il en résulte que lorsqu'un rameau a donné du fruit *il n'en produit plus jamais.*

De là la nécessité de chercher à produire des bourgeons dans des conditions déterminées pour remplacer ceux qui ont déjà fructifié, si on ne veut pas voir se dégarnir insensiblement l'intérieur de l'arbre. Remplacer une branche fruitière qui ne peut plus produire, établir le remplacement dans de bonnes conditions, sont les parties véritablement essentielles, importantes de la taille du pêcher, la base même sur laquelle elle repose toute. Ajoutons que le remplacement doit se prendre le plus près possible de la branche de charpente.

Les principes de la taille ainsi exposés, nous n'avons plus qu'à les mettre en pratique, en recommandant de laisser un intervalle de 15 à 18 centimètres entre chaque branche fruitière.

Rameau à bois. — Nous n'avons pas à lui demander de fruits, il ne porte pas de boutons. Nous le taillerons à 2 yeux, de quoi obtenir les bourgeons de remplacement. Nous verrons plus tard comment ces derniers seront traités.

Gourmand. — La nature de sa constitution, qui justifie son nom, le rend souvent inapte à former de bonnes branches fruitières; il faut le traiter différemment du rameau à bois. Il doit tout d'abord être taillé plus long; puis, à ce moment, éborgner les yeux principaux pour ne laisser que les sous-yeux comme point de départ des bourgeons de remplacement. Ces derniers seront choisis parmi les plus rapprochés de la branche mère et palissés de bonne heure pour qu'ils ne prennent pas trop de force. Malgré ça, s'ils avaient des tendances à devenir trop vigoureux, ils subiraient un pincement à 10 centimètres.

Bouquet de mai. — Ce petit rameau est conservé intact, dans toute sa longueur. Les boutons à fruits qu'il porte sont accompagnés d'yeux à bois; il se trouve donc dans d'excellentes conditions de production et de remplacement.

Fig. 84. — Branche fruitière de pêcher portant 2 rameaux de remplacement. Le rameau mixte supérieur, ainsi que le rameau de l'année précédente qui a fructifié, sont supprimés en *a*; celui le plus rapproché de la branche mère est taillé en *b*.

Toutefois, lorsque le *bouquet de mai* porte à son extrémité inférieure un œil à bois, on pince de bonne heure les yeux qui se développent au-dessus, et cela pour provoquer le départ de l'œil qui se trouve le plus proche de la branche de charpente.

Rameaux mixtes. — Ce sont les plus nombreux sur les branches de charpente. Ils portent, comme nous l'avons déjà dit, des boutons à fruits accompagnés d'yeux à bois. De plus ils sont munis à leur base de 2, 3, 4 yeux à bois, dont les plus rapprochés de la branche *coursonne* ou de la branche mère serviront à établir les rameaux de remplacement. Tous ces rameaux mixtes sont taillés à 3 ou 4 boutons au maximum (fig. 82 *a*). Lorsque deux rameaux de remplacement, *rameaux mixtes*, se trouvent sur la même coursonne, on supprime le plus élevé pour ne conserver que l'inférieur, qui sera taillé comme il vient d'être dit à 3 boutons : c'est la taille ordinaire (fig. 84 et 85).

Fig. 85. — Branche fruitière de la fig. 84 après la taille.

Taille en crochet. — Deux rameaux mixtes sont

sur une même *coursonne* : l'un, le plus éloigné, est taillé à 3 ou 4 boutons; l'autre, l'inférieur, l'est à 2 yeux. Le rameau supérieur produira des fruits, celui taillé à 2 yeux fournira les 2 bourgeons de remplacement. Cette taille est appelée *taille en crochet* (fig. 86 et 87).

Branche chiffonne. — Nous la connaissons, elle est garnie de boutons non accompagnés d'yeux à bois, c'est une mauvaise branche. Lorsqu'elle présente un œil à la base, il faut sacrifier tous les boutons pour revenir sur lui par une taille. Cet œil sera traité comme bourgeon de remplacement.

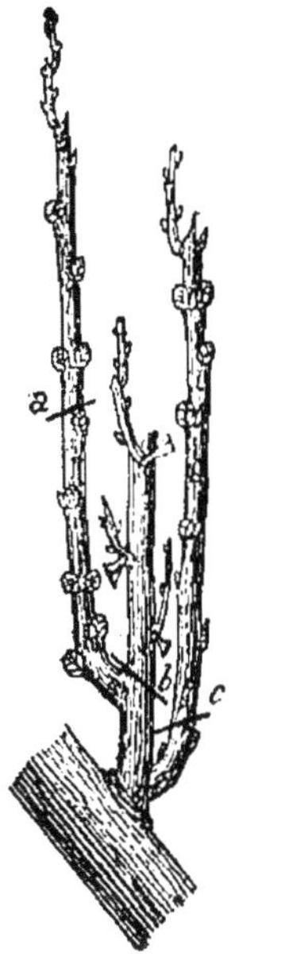

Fig. 86. — Branche fruitière du pêcher, dont un rameau mixte, l'inférieur, est taillé à 2 yeux en crochet et l'autre à 2 ou 3 boutons.

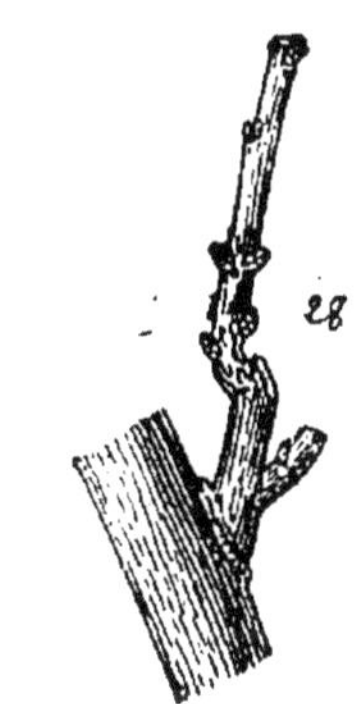

Fig. 87. — Branche fruitière de la figure après la taille.

Traitement des branches fruitières pendant la végétation. — Les efforts de l'arboriculteur doivent tendre à obtenir des bourgeons de remplacement bien constitués, pour former le rameau que nous connaissons sous le nom de *rameau mixte*. Nous allons le prendre comme type et le suivre pendant tout son développement.

Eborgeonnement. — En taillant à 3 ou 4 boutons, les yeux qui occupent la partie supérieure et la partie moyenne du rameau se développent d'abord, puis ceux de la base destinés à le remplacer. Comme ces derniers doivent conserver la prépondérance sur les autres, il est nécessaire de traiter les premiers en conséquence. Il faut donc, lorsque les bourgeons sont à peine développés, supprimer tous ceux *qui n'accompagnent pas les fruits* et ne respecter que les deux plus inférieurs. Cette opération a reçu le nom d'*ébourgeonnage.*

Fig. 88. — Branche fruitière du pêcher (rameau mixte). Après l'ébourgeonnement, le pincement des bourgeons qui accompagnent les fruits, les 2 bourgeons de la base, bourgeons de remplacement, sont pincés à 25 ou 30 centimètres en *a*, puis pincés à nouveau à une ou 2 feuilles s'il y a lieu en *b*.
Cette figure se rapporte à celle portant le numéro 84.

Pincement. — L'opération de l'ébourgeonnement, très importante en elle-même, n'est pas suffisante encore pour obtenir de bons bourgeons de remplacement. Ceux qui accompagnent les fruits sont presque indispensables pour la bonne venue de ces derniers; mais, mieux placés encore que les bourgeons dits de remplacement et laissés libres, ils prendraient bientôt un tel développement que toute la végétation se porterait sur eux. C'est pourquoi il faut pincer les bourgeons qui accompagnent les fruits à 3 ou 4 feuilles (fig. 88). L'œil devenu terminal par ce premier pincement peut lui-même, ainsi que ceux qui sont immédiatement au-dessous, se développer en bourgeons anticipés : ils sont tout simplement arrêtés à une ou deux feuilles (fig. 88).

Le traitement des deux bourgeons de remplacement est très simple : les pincer eux-mêmes à 25 ou 30 centimètres de longueur (fig. 88). Si l'œil de pincement se développe, il est arrêté à une ou deux feuilles ; on fait de même s'il y en a plusieurs. L'important est d'avoir sur une longueur de 10 ou 12 centimètres la formation de bons yeux *triples* sur lesquels est basée la fructification à venir ; comme nous l'avons dit, ils se reconnaissent par le nombre de feuilles.

Fig. 89. — Bourgeon de pêcher pincé à 25 ou 30 centimètres en *a*, puis une 2e fois sur le bourgeon anticipé en *a'*. Cette même figure montre ce qu'il y a à faire au cas que les bourgeons anticipés se développent trop près de la base.

Mais il n'en va pas toujours ainsi. Au lieu de se développer à l'extrémité, comme nous venons de le voir, il arrive fréquemment que les bourgeons anticipés se forment vers la base ; dans ce cas, s'il n'y en a qu'un seul, on le supprime (fig. 89 *b*); s'il y en a plusieurs, il est préférable de revenir par une taille en vert sur celui qui est le plus proche de la branche charpente, et de traiter celui-ci comme un bourgeon ordinaire (fig. 89 *c*).

Taille en vert. — La taille en vert a surtout son application chez le pêcher. Un rameau mixte, par exemple, ne portant pas de fruits pour une cause ou pour une autre, n'a d'utilité que par ses bourgeons de *remplacement* de sa base; par une taille en vert, on supprime la partie supérieure pour s'établir directement sur eux.

Palissage. — Le palissage dans le pêcher a une importance capitale. C'est par lui qu'on parvient à obtenir des branches fruitières uniformes; à équilibrer un des membres de l'arbre trop fort ou trop faible, en palissant les bourgeons plus ou moins tôt.

Les bourgeons de remplacement se palissent obliquement, avec un angle de 40° environ avec la branche. Ce palissage se pratique progressivement et non simultanément. Les bourgeons les plus forts sont palissés les premiers; les plus faibles sont laissés en liberté jusqu'au moment où ils ont pris suffisamment de force pour prendre leur place définitive.

Les bourgeons de prolongement sont palissés suivant la ligne délimitée par la forme.

Eclaircie des fruits. — C'est toujours avec regret qu'un arboriculteur enlève quelques fruits d'un arbre; à plus forte raison, en est affligé le particulier qui ne se rend pas suffisamment compte de l'importance de cette opération. Aussi est-il très difficile de faire passer dans la pratique usuelle l'éclaircissage des fruits. Cependant la négligence sur ce point pouvant être grosse de conséquences, nous n'hésitons pas à recommander d'enlever les fruits trop nombreux, ceux qui resteront devenant plus beaux et meilleurs.

A quelle époque faut-il opérer? Il faut attendre que les fruits soient bien noués, que le noyau soit à peu près formé. Le meilleur moyen pour s'en rendre compte, c'est de couper une ou plusieurs pêches par le milieu : la plus ou moins grande résistance qu'on éprouvera à trancher le noyau donnera une idée de l'état dans lequel il se trouve. Une autre recommandation, qui a sa raison d'être, est de laisser de préférence un plus grand nombre de fruits sur les branches fruitières fortes, vigoureuses, tout en supprimant ceux des coursonnes faibles.

Effeuillage. — Il paraîtra surprenant de conseiller la pratique de l'effeuillage après avoir reconnu les feuilles comme des organes indispensables à la nutrition. L'effeuillage est cependant nécessaire pour obtenir des pêches belles et bien colorées. Nous recommandons seulement d'enlever les feuilles qui sont en avant des fruits et empêchent le soleil de les frapper.

La moitié d'une feuille suffit, dans bien des cas, pour leur faire acquérir cette coloration si belle, si caractéristique. Enfin cette opération ne se fera que lorsque les fruits auront atteint les trois quarts de leur grosseur.

Insectes nuisibles et maladies. — Ce sont les pucerons qui occasionnent le plus de dégâts aux pêchers; on s'en débarrasse à l'aide de bassinages répétés à l'eau de tabac, comme il a été dit à l'article *Poirier*.

Le **kermès** du pêcher possède les mêmes mœurs que celui du poirier : les moyens de destruction employés pour celui-ci seront applicables pour celui-là.

La maladie la plus dangereuse est la *gomme.* On a beaucoup écrit sur cette affection sans que l'on soit absolument fixé sur les causes qui la déterminent. Le moyen qui nous a le mieux réussi pour la combattre est celui qui consiste à traverser la branche attaquée de part en part, au moyen d'une forte serpette, sur une longueur en rapport avec l'étendue de la maladie. La fente occasionnée par cette plaie est maintenue béante au moyen d'un petit coin de bois. Ce procédé qui paraît barbare nous a donné toujours les meilleurs résultats. Nous pouvons même ajouter que jamais nous n'avons remarqué, contrairement à ce que quelques arboriculteurs ont écrit, que ces plaies provoquaient un écoulement de gomme.

Il en est de même de cette affection qui est causée par un champignon microscopique du nom de *Coryneum Beijerinckii*, qui attaque les jeunes rameaux à l'état herbacé. M. Prilleux, qui a eu occasion de l'étudier, en a entretenu la *Société nationale d'agriculture* : la partie des bourgeons attaquée est comme tachée, de couleur huileuse. Pourvu que cette tache n'ait pas dépassé *la moitié de la circonférence du bourgeon*, on est *absolument sûr* d'arrêter la propagation en fendant dans toute son épaisseur le bourgeon attaqué. On maintient ensuite, à l'aide d'un petit coin de bois, la fente ouverte. Les lèvres de la plaie ne tardent pas à *former* un nouveau tissu cellulaire, remplaçant promptement celui qui est mortifié.

La **cloque**, qui a encore pour cause un champignon microscopique du nom de *Taphrina deformans*, attaque assez irrégulièrement les pêchers. Les feuilles affectées sont recroquevillées; peut-être que le sulfate de cuivre sous forme de *bouillie bordelaise*, d'*eau céleste*, aurait une action sur ce champignon. Ne pas confondre cette maladie avec l'affection produite par les pucerons, qui parviennent, eux aussi, par leurs succions répétées, à déformer les feuilles.

IV

VIGNE

Origine. — Histoire. — Mode de végétation. — La seule espèce qui nous intéresse et dont nous ayons à nous occuper ici est le *Vitis vinifera* L. Qu'il soit considéré comme espèce, ou bien qu'il ait comme origine le *V. Vulpina* et le *V. Labrusca* suivant l'hypothèse émise par Regel, peu nous importe; nous considérerons, au point de vue pratique, le *Vitis vinifera* comme une unité spécifique.

Est-il possible de déterminer d'une façon rigoureuse l'origine première de la vigne? Lorsqu'on a affaire à une plante aussi ancienne que celle-ci, il peut y avoir des doutes. Bien certainement elle a été trouvée un peu partout, mais était-ce bien à son état primordial? Comme le dit fort judicieusement M. Alphonse de Candolle : « Une habitation absolument primitive est plus ou moins un mythe; mais des habitations successivement étendues ou restreintes sont dans la force des choses ». Dans tous les cas, les caractères de la vigne sauvage semblent plus accentués au midi du Caucase et de la mer Caspienne, que partout ailleurs.

Des preuves très sérieuses viennent confirmer que son ancienneté est très grande en Europe. « Des graines de vigne ont été trouvées sous les habitations lacustres de Castionne, près de Parme, qui datent de l'âge du bronze; dans une station préhistorique du lac de Varèze et dans la station lacustre de Wangen, en Suisse; mais dans ce dernier cas à une profondeur incertaine. Bien plus! Des feuilles de vigne ont été trouvées dans les tufs des environs de Montpellier, où elles se sont déposées probablement avant l'époque historique, et dans ceux de Meyrargue, en Provence, certainement préhistoriques, quoique postérieurs à l'époque tertiaire des géologues [1]. »

La partie probablement la plus primitive est supposée être l'Asie occidentale tempérée et la région de la Méditerranée.

Cultivée dès la plus haute antiquité, dans presque tous les pays, la vigne ne tarda pas à être l'objet de soins particuliers, égards qu'elle doit bien certainement aux qualités et aux propriétés que l'on rencontre dans ses fruits, ainsi qu'aux transformations multiples auxquelles ils donnent lieu.

La vigne est une plante de la famille des *Ampélidées* ou *Vitacées*, comme on voudra. C'est un arbrisseau à rameaux noueux, grimpants, ayant la faculté de s'accrocher, à l'aide de vrilles, aux supports qui sont à sa portée.

1. Alphonse de Candolle, *Origines des Espèces.*

Les feuilles de la vigne, bien connues de tout le monde, sont le plus généralement formées d'un limbe à cinq lobes, plus ou moins arrondis et dentés. Le pétiole, assez long, porte à sa base un œil désigné aussi sous le nom de *bourre*, de chaque côté duquel existent des sous-yeux. Ces sous-yeux se développent avec une facilité remarquable pendant la végétation : ils constituent ce que l'on appelle en pratique *aileron*, *entre-cœur* ; ils ne sont, en somme, que des faux bourgeons ; par contre, les yeux principaux se développent rarement.

Les fleurs sont insignifiantes et peu apparentes; il n'en est pas ainsi, comme bien on pense, des fruits qui y succèdent. Ces derniers sont portés par une grappe composée.

L'œil, en se développant, nous donne le bois, les feuilles et le fruit; c'est donc sur le bois de l'année même qu'a lieu la fructification.

Le fruit est une baie globuleuse de couleur variable, blanche, ambrée, grise, rose et noire. Une grappe de raisin avec ses baies arrivées à complète maturité, bien dorées, non déflorées, c'est-à-dire recouvertes encore de cette poussière blanchâtre, la *pruine*, est admirable; il y a peu de fruits qui puissent rivaliser avec elle.

Les racines de la vigne sont traçantes et pivotantes; elles peuvent atteindre une très grande profondeur.

L'écorce de la vigne ne persiste guère sur la tige; elle s'exfolie avec une remarquable facilité, se détachant annuellement par lambeaux.

La vigne commence à entrer en végétation dans la deuxième quinzaine du mois de mars, sous le climat de Paris, lorsque la température ambiante commence à s'élever et qu'elle accuse une moyenne de + 9° et demi, tandis qu'il lui faut + 15° à + 18° pour fleurir. Ce mouvement s'annonce par un écoulement des liquides séveux qui suintent à travers les fissures de l'écorce et les plaies occasionnées par la taille.

Les phénomènes qui accompagnent la floraison étant le prodrome d'un des actes les plus importants dans la végétation de la vigne (la fécondation), nous recommandons d'appliquer les auvents sur leurs consoles aux premiers signes du mauvais temps : pluie, refroidissement subit.

Climat. — Exposition. — Sol. — Après le 49° ou 50° de latitude nord, la vigne ne mûrit pas son fruit en plein air; ce n'est qu'exceptionnellement, sur le flanc des coteaux à des expositions tout à fait privilégiées, qu'elle peut encore fructifier : dans ces conditions on en rencontre quelquefois même jusqu'au 43°. C'est d'ailleurs une plante des climats plutôt chauds que froids; les climats humides sont défavorables à sa fructification, la vigne y pousse en bois et ne donne pas de fruits.

Dans les environs de Paris, année moyenne, notre *Chasselas doré* ne mûrit son fruit que lorsqu'il est abrité par un mur dont la surface est bien exposée : ce mur nous fournit un climat factice. La meilleure exposition pour la plupart des climats de la France est le sud, viennent ensuite l'est et le sud-est.

L'exposition de l'ouest avec un sol léger et des auvents pour l'automne et le printemps est encore une exposition qu'il ne faut pas rejeter.

Il n'y a peut-être pas d'arbre fruitier qui soit moins

exigeant que la vigne sous le rapport du sol. Pourvu qu'il soit sain, que les racines ne soient pas en contact avec de l'eau stagnante, il n'y a peut-être pas de sol, au point de vue de sa constitution physique, qui ne puisse être utilisé par la vigne. Nous connaissons des terres très argileuses où la vigne y pousse admirablement et donne de très bons fruits. L'important, c'est que l'eau des pluies ait un écoulement facile.

Variétés. — Notre choix ne renferme que peu de variétés. Combien y a-t-il de jardins qui n'ont que le *Chasselas doré* et qui s'en trouvent bien! Il est bon de dire toutefois que ce n'est pas suffisant. Il nous faut des variétés un peu plus précoces, en même temps que de la diversité.

Nous suivrons toujours le même ordre adopté jusqu'ici : nous classerons les variétés par ordre de maturité.

Morillon noir hâtif. — C'est une de nos premières variétés. La grappe n'est pas très belle, elle est courte avec des grains très serrés les uns contre les autres. Les baies sont noires.

Maturité : août.

Noir hâtif de Marseille. — Nous avons eu l'occasion d'étudier cette variété depuis quelques années; elle nous a paru toujours plus précoce, de quelques jours, que la précédente. La grappe est plus jolie, avec des grains moins serrés.

C'est une variété à recommander. Le fruit est très bon.

Maturité : commencement d'août.

Précoce de Malingre. — Variété précoce encore, à grain ovoïde, blanc verdâtre. Le fruit est assez bon.

Maturité : fin août.

Chasselas doré ou **Chasselas de Fontainebleau.** — C'est bien certainement une de nos meilleures variétés de raisins de plein air. Malheureusement il existe des sous-variétés qui n'ont pas les mêmes qualités, ce qui fait que souvent on croit avoir du chasselas doré qui n'en est pas.

La grappe est grosse, le grain est également gros, d'un jaune ambré doré. Ce chasselas est universellement et justement apprécié. Il est très bon.

Maturité : commencement de septembre.

Chasselas rose. — La grappe est moyenne ; le grain, moins serré que dans le Chasselas doré, est moyen, d'un beau rose. Le fruit est très bon.

Maturité : deuxième quinzaine de septembre.

Frankenthal. — C'est une variété tardive. Elle possède des grappes volumineuses. Le grain est très gros, d'un noir violacé, très beau. Le fruit est très bon.

Maturité : octobre.

Hardy. — Variété également tardive, relativement nouvelle. La grappe est également très grosse, à grains ronds d'un violet foncé. Le fruit est très bon.

Maturité : octobre.

Multiplication. — La vigne se propage au moyen du *semis*, de la *bouture*, de la *marcotte* et de la *greffe*.

Semis. — Le semis n'est employé que lorsqu'on cherche à obtenir de nouvelles variétés. Contrairement à ce que nous avons vu pour le poirier, les graines produisent des jeunes sujets qui fructifient plus tôt. M. Hardy, ancien directeur de l'école de Versailles, est arrivé à faire produire des grappes de raisin sur un semis âgé de DIX-HUIT MOIS.

Bouture. — C'est le procédé le plus couramment employé pour propager nos variétés. La très grande facilité avec laquelle la vigne émet des racines adventives rend précieux ce mode de multiplication. Il y a la *bouture ordinaire*, la *bouture crossette* et la *bou-*

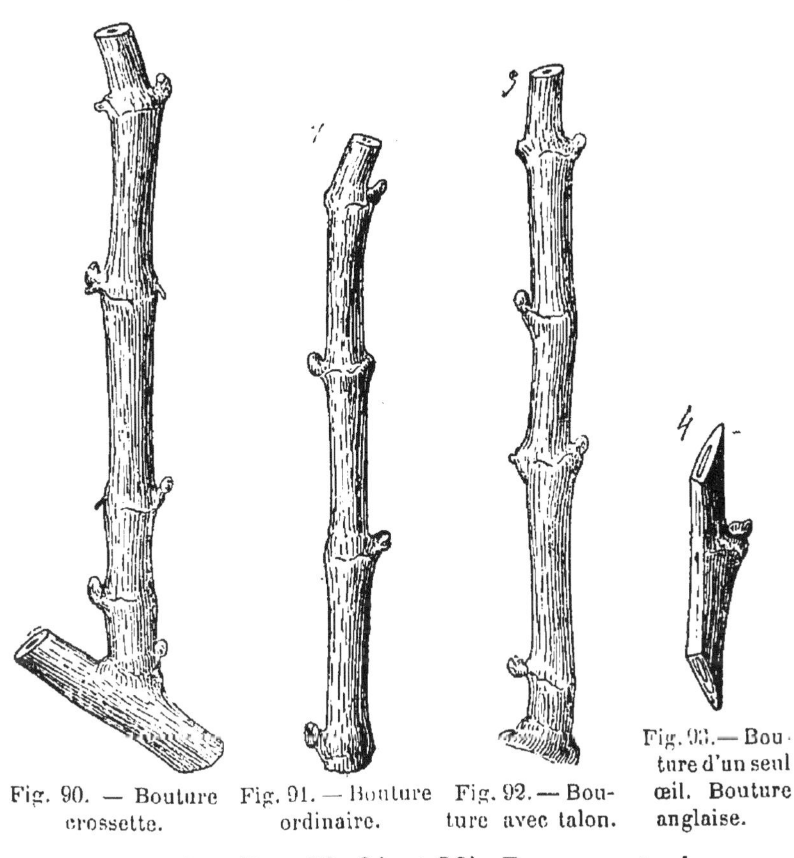

Fig. 90. — Bouture crossette. Fig. 91. — Bouture ordinaire. Fig. 92. — Bouture avec talon. Fig. 93. — Bouture d'un seul œil. Bouture anglaise.

ture avec talon (fig. 90, 91 et 92). Deux ou trois yeux enterrés et deux yeux hors du sol sont suffisants pour former une bouture. Nous avons même vu que la bouture anglaise n'était faite que d'un œil (fig. 93).

Les sarments sont récoltés et coupés par longueur à l'automne après la chute des feuilles. Réunies en bottes plus ou moins grosses, étiquetées, elles sont *enjaugées* auprès d'un mur à l'exposition du nord.

Le terrain, préparé par un labour profond et une bonne fumure, reçoit ces boutures au mois de mars. Elles sont plantées à 15 ou 20 centimètres les unes des autres dans des rigoles, ou au plantoir, en lignes distantes de 30 centimètres. L'année d'après, si ces boutures ont été bien soignées, elles peuvent déjà être mises en place.

Sur les boutures ordinaires et sur les crossettes, on pourrait enlever une petite lanière d'écorce, de chaque côté, sur une longueur correspondant à la partie qui doit être enterrée, pour favoriser l'émission des racines adventives.

Marcotte. — Nous nous sommes étendus suffisamment, dans la première partie de cet ouvrage, sur l'opération du marcottage; nous n'y reviendrons donc plus.

Greffe. — Il a fallu que le phylloxera eût fait son apparition en France pour rendre la greffe avantageuse dans la propagation de nos différents cépages. Les vignes américaines sont utilisées comme sujets ou porte-greffes, et nos variétés fournissent le greffon. Le greffage est donc un procédé de multiplication de la vigne qui intéresse bien plutôt la viticulture que l'arboriculture fruitière, telle que nous la comprenons ici. Nous n'en parlerons pas autrement que pour dire que le mode le plus employé est la *greffe à l'anglaise* (fig. 13 et 14), quoiqu'elle réussisse très bien en *fente*.

Formes. — Nous n'avons fait que citer la *palmette simple*, la *palmette alterne* et la forme *Thomery*; nous n'avons encore rien dit de la manière de les obtenir. C'est le moment d'en parler.

Il est inutile aussi de revenir sur la préparation

du sol, le défoncement, etc., questions qui ont été étudiées dans la première partie de ce livre.

Nous supposerons que tous ces travaux ont été exécutés dans les conditions voulues.

Palmette simple (fig. 94). — Nous prendrons, pour plus de clarté, un mur de 2 mètres à garnir, élévation maximum pour la palmette simple.

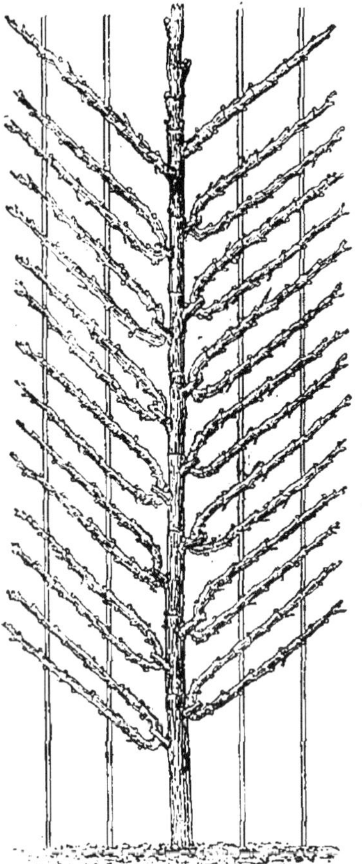

Fig. 94. — Palmette simple (*Vigne*).

La vigne provenant de bouture ou de marcotte sera plantée directement contre le mur. Le sol défoncé, il suffira de faire un trou assez grand pour loger les racines.

Chaque pied de vigne sera distancé de 80 centimètres des autres. Des lattes attachées verticalement, environ tous les 15 centimètres, sur des fils de fer tendus horizontalement, permettent de guider les ceps et de faciliter le palissage des bourgeons. Nous nous trouvons donc en présence d'une bouture qui a deux sarments hors de terre : nous supprimons le plus faible et taillons l'autre à 2 yeux.

Les deux bourgeons qui en résultent sont palissés : l'un verticalement constituera le cep, l'autre obliquement sera supprimé à la taille s'il est trop près du sol.

A la 2e taille nous devons avoir deux sarments, dont l'un est le plus généralement inutile. Celui qui est palissé verticalement sera taillé de façon à

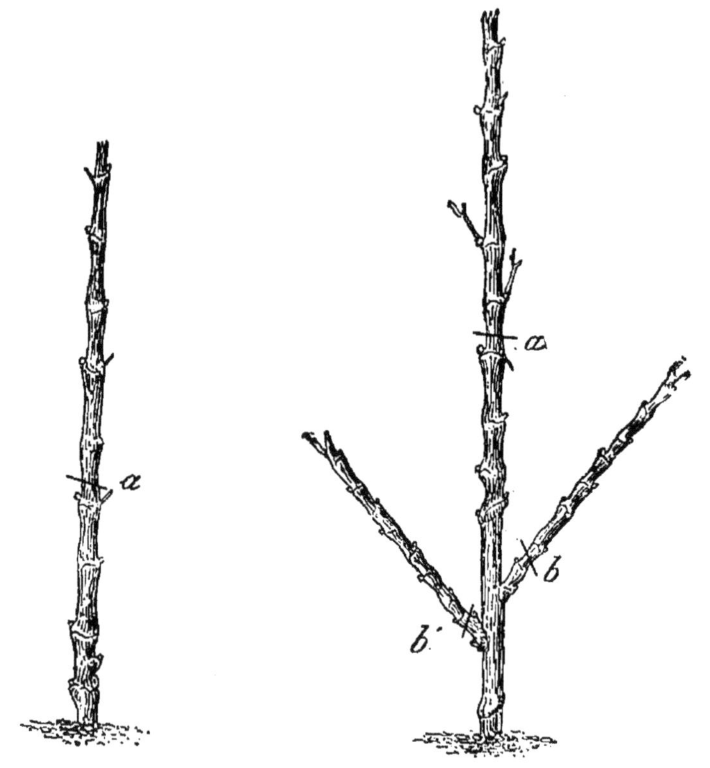

Fig. 95. — Sarment de vigne taillé à 3 yeux.

Fig. 96. — Formation de la palmette. Résultat de la 1re taille d'un sarment (fig. 95). Le rameau de prolongement est taillé en a à 3 nouveaux bons yeux pour obtenir la 2e paire de coursonnes.

obtenir une première paire de coursonnes à 30 centimètres environ au-dessus du niveau du sol, par conséquent sur tro is yeux (fig. 95). Le supérieur sera destiné à fournir le bourgeon de prolongement, les 2 inférieurs la première paire de coursonnes (fig. 96). A la troisième année nous aurons donc à traiter une paire de coursonnes, plus le rameau de prolongement. Rien de plus facile. Posons comme principe que chaque paire de coursonnes doit être distancée de sa voisine de 15 ou 18 centimètres. En conséquence, à cette hauteur au-dessus de la première, on choisira deux yeux placés dans le même ordre pour former la deuxième. Ces deux yeux choisis, on taillera sur un troisième pour continuer le cep verticalement (fig. 97). Tous les ans, ainsi de suite une paire de coursonnes. Comme on le voit, la formation d'une palmette est simple et facile.

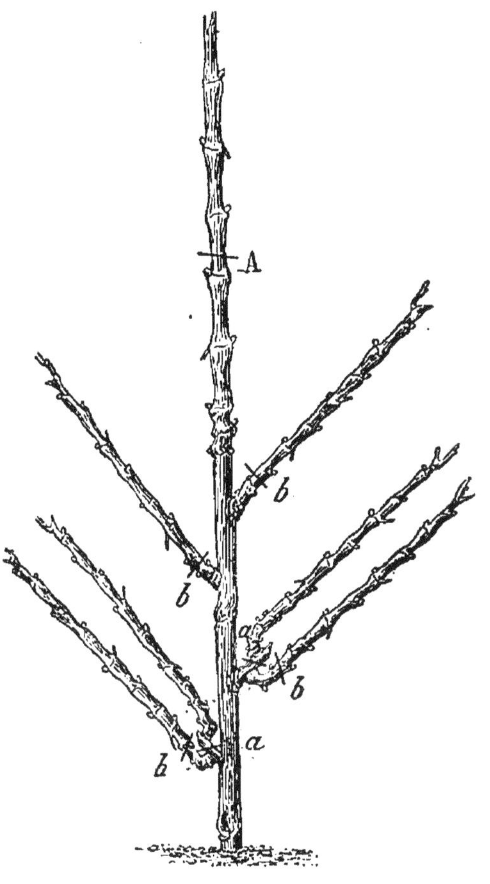

Fig. 97. — Formation de la palmette. Résultat obtenu par la taille pratiquée comme le montre la fig. 96.

Elle convient très bien pour les murs peu élevés, ne dépassant pas 2 mètres. Pour ceux qui ont 2 m. 50, 3 mètres et plus, il est préférable d'adopter la suivante qui est la palmette alterne.

Palmettes alternes (fig. 98). — La formation est absolument la même que la précédente ; la différence réside seulement dans la disposition des ceps sur la surface du mur ; le nombre de pieds est double. Au lieu de planter à 80 centimètres par exemple, chaque pied sera distancé de 40 centimètres seulement de son voisin.

La hauteur du mur sera divisée en 2 parties égales : la moitié des pieds de vigne garnissent la partie inférieure du mur, et l'autre moitié la partie supérieure. Les principes qui nous ont guidé dans la formation de la palmette simple nous serviront de même pour les palmettesalternes. La seule différence qu'on puisse faire est seulement applicable aux pieds devant garnir le haut du mur. Ces derniers seront en effet formés un peu plus vite ; s'ils sont vigoureux, on prendra à chaque taille une longueur correspondant à 2 paires de coursonnes. Ces coursonnes, il va sans dire, disparaîtront au fur et à mesure que s'élèveront les pieds, destinés à garnir la surface inférieure du mur.

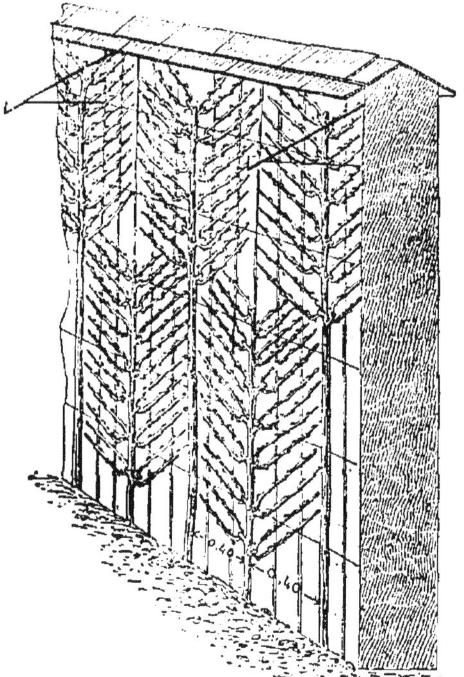

Fig. 98. — Mur d'espaliers avec consoles pour le support des auvents. La surface de ce mur est garnie de vigne élevée en palmettes alternes.

Le grand avantage des palmettes alternes sur les palmettes simples est tout à fait évident : celles-là donnent la possibilité de garnir plus rapidement un mur élevé et de conserver un équilibre plus parfait entre les coursonnes du bas et celles du haut à chaque pied.

Thomery ou **cordon bilatéral** (fig. 99). — La forme Thomery est excellente pour conduire la vigne en espalier; nous la conseillons beaucoup. Elle est formée par une succession de pieds qui se bifurquent tous en T à la même hauteur, *pour chaque pied d'une même série.*

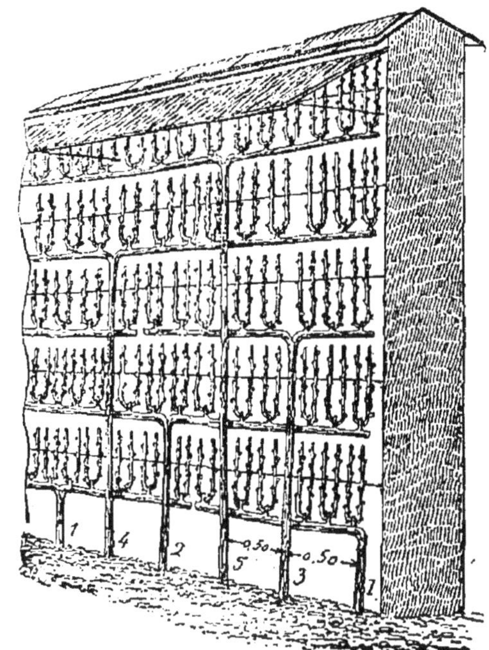

Fig. 99. — Murs d'espaliers avec consoles supportant les auvents. La surface du mur est garnie de vigne élevée en cordons bilatéraux appelés *Thomery*.

Les règles qui doivent présider à la formation du cordon bilatéral sont les suivantes :

Chaque cordon doit être séparé de son voisin par un intervalle de 0,50; le premier cordon sera formé à une distance de 0,30, 0,35 ou 0,40 du sol, mais jamais moins de 0,30;

Le dernier sera maintenu à une distance de 0,60 au moins, au-dessous du chaperon. Par conséquent, nous aurons : 1° un cordon établi à 40 centimètres au-dessus du sol ; 2° un autre cordon à 60 centimètres au-dessous du chaperon : il reste donc 2 mètres à garnir. Sachant que chaque cordon doit être distancé de 50 centimètres, il nous reste juste la place pour en établir 3 autres, ce qui fait 5 cordons pour un mur de 3 mètres. Ce n'est pas tout, il nous faut connaître la distance de plantation. Elle nous est donnée par la longueur de chaque cordon, qui ne doit pas dépasser 1,50, soit 3 mètres pour 1 cordon avec ses 2 bras bilatéraux.

Ces 3 mètres correspondent en somme à la largeur occupée par la plantation d'une série de 5 pieds. Si nous divisons 3 mètres par 5, nous aurons la distance de plantation, soit 60 centimètres. S'il y en avait 6, nous diviserions de même 3 par 6.

La disposition la meilleure pour chaque cordon placé au-dessus l'un de l'autre est la suivante :

Le 1er pied forme le cordon n° 1, le 2e le n° 3, le 3e le n° 5, le 4e le n° 2 et le 5e le cordon n° 4, en commençant toujours par les numéros impairs : 1re série : 1, 3, 5, 2, 4; 2e série : 1, 3, 5, 2, 4. S'il y en avait 6, on dirait 1, 3, 5, 2, 4, 6 (fig. 99).

Formation du T ou **des bras bilatéraux.** — Plusieurs procédés sont en usage; nous n'indiquerons que le plus simple.

Soit le rameau de prolongement d'un cep de vigne à bifurquer; au moment de la taille il sera incliné sur le fil de fer qui doit servir de support au cordon, dans une direction à gauche ou à droite (fig. 100 A), en faisant en sorte que sur la courbure donnée par l'inclinaison du sarment il se trouve un œil ou *bourre.* Maintenu ainsi incliné à l'aide de liens d'osier, ce sarment est taillé sur un œil en dessous. Au moment de la végétation, l'œil de taille et celui placé sur la courbure se développent presque ensemble; lorsqu'ils sont *suffisamment lignifiés*, ils sont palissés horizontalement dans leur direction naturelle sur le fil de fer qui doit leur servir de support (fig. 100 B). Ce sont ces sarments dirigés

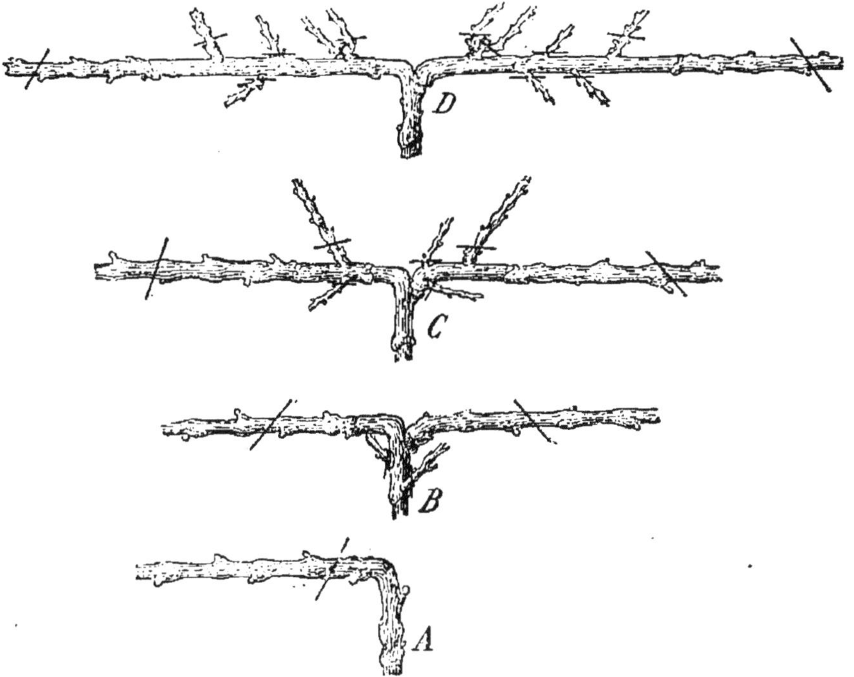

Fig. 100. — Formation de la *Thomery*, taillée successivement.

horizontalement à droite et à gauche qui sont le point de départ des 2 bras latéraux et sur lesquels prennent naissance les branches fruitières ou coursonnes, dont nous allons parler.

Tous les autres cordons s'obtiennent de même, en ayant soin de ne bifurquer les pieds que lorsque leur base est bien établie et que le sarment de prolongement, arrivé au point où il doit l'être, est suffisamment fort. Les coursonnes qui se développent à droite et à gauche sur les parties verticales sont supprimées progressivement.

Obtention des sarments fructifères. — Nous avons vu comment on obtient annuellement une paire de coursonnes sur la palmette simple; il nous faut maintenant décrire le procédé par lequel on parvient à les établir sur chaque bras du T. Elles doivent toutes reposer sur la partie supérieure du cordon; les rameaux placés dessous et en avant sont supprimés.

Comme pour la palmette, une seule paire de coursonnes doit être prise annuellement, *une coursonne sur chaque bras*. Lorsque la vigne est très vigoureuse, on peut aller jusqu'à deux paires, mais pas plus. L'espace réservé entre chacune d'elles varie suivant l'intervalle qui existe entre chaque mérithalle : 15 à 20 centimètres sont de bonnes distances.

La taille se pratique sur l'œil qui se trouve immédiatement après celui choisi comme devant fournir les éléments d'une coursonne. Comme les yeux sont alternes, placés sur deux lignes parallèles et opposées, il faut nécessairement que l'œil sur lequel on taille soit dessous si celui qui doit fournir la coursonne est dessus (fig. 100, B, C, D). Si les yeux n'étaient pas bien placés, on les ramènerait à la position convenable par une légère torsion. Tous les ans on prend ainsi une paire de coursonnes (fig. 100, B, C, D).

Taille des branches fruitières. — La taille des branches fruitières peut présenter quelques cas particuliers. Voici les plus communs :

Un rameau simple reposant directement sur la branche de charpente est taillé à 2 yeux (fig. 96 et 97 *b*).

Une branche fruitière déjà taillée doit porter sur sa coursonne 2 rameaux fructifères; le supérieur est supprimé tandis que l'inférieur est taillé à 2 yeux, fig. 96 *a* et fig. 102 n°s 1 et 2, *e'*, *e*, *d*, *d'*. Il n'y a d'exception à cette règle que lorsque le rameau le plus

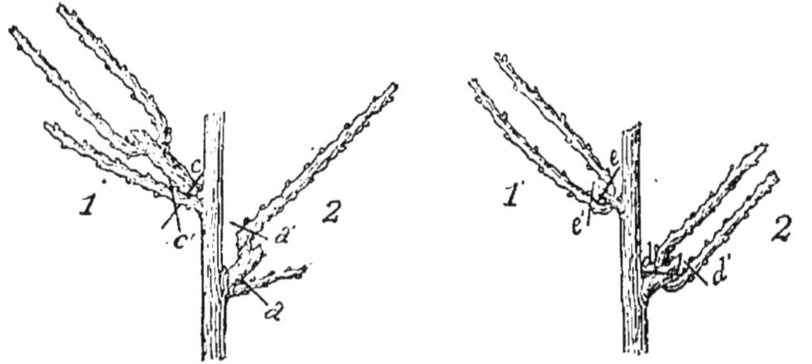

Fig. 101. — Taille de la branche fruitière de la vigne.

Fig. 102. — Taille de la branche fruitière de la vigne.

rapproché de la branche de charpente est trop faible : celui-ci est alors taillé à 1 œil et le supérieur à 2 yeux au lieu d'être supprimé (fig. 101 n° 2, *a*, *a'*). Une coursonne trop longue doit être rajeunie, rapprochée, lorsqu'il est possible. Il faut avoir soin dans ce cas de ménager un bourgeon pendant les opérations d'été, lorsque le cas se présente, le plus près possible de la branche mère. Ce bourgeon devenu rameau, s'il est assez fort l'année suivante, est taillé à 2 yeux, sinon à un œil (fig. 101 n° 1, *c*, *c'*).

Cette taille, d'une grande simplicité, n'offre d'exception à cette règle que pour les variétés vigoureuses, comme le *Frankenthal*, dont les rameaux ne portent de bons bourgeons fructifères qu'à une certaine distance de leur insertion. Pour cette variété, comme pour les autres présentant la même particularité, on taille à 4 yeux au lieu de 2. Le supérieur est conservé : il fournira le bourgeon fructifère; l'inférieur fournira le rameau de remplacement; les 2 autres seront supprimés au moment de l'ébourgeonnage.

Ébourgeonnement. — Vers le mois d'avril la vigne ne tarde pas à pousser sous le climat de Paris. Non seulement les yeux sur lesquels la taille a été établie se développent, mais encore des bourgeons adventifs qui partent de la tige ou des coursonnes.

Tous ces bourgeons qui croissent ainsi sur le vieux bois doivent être supprimés, lorsqu'ils ont 5 ou 6 centimètres de longueur, à l'exception de deux qui proviennent des yeux normaux des coursonnes sur lesquelles on a taillé. Si par hasard une branche fruitière était trop allongée et qu'un bourgeon parti de sa base fût bien placé, il faudrait le conserver pour y établir la taille l'année suivante. Après l'ébourgeonnage, chaque coursonne ne doit donc porter que 2 bourgeons.

Palissage et pincement. — Au mois de mai, les bourgeons conservés commencent déjà à prendre du développement; il faut les fixer sur le treillage.

Toutefois le travail doit être fait avec prudence, car les bourgeons incomplètement lignifiés à la base *se décollent avec la plus grande facilité* : il est préférable d'attendre quelques jours de plus plutôt que de vouloir palisser trop tôt. Les bourgeons sont appliqués à l'aide de jonc sur les lattes, dans une position oblique, faisant un angle de 40 à 45° avec la tige, pour la palmette et pour la Thomery sur le fil de fer placé dans l'intervalle de deux cordons.

Le pincement se fait quand les bourgeons ont une longueur de 50 ou 55 centimètres, à 40 ou 50 centimètres (fig. 103), à 2 ou 3 feuilles au-dessus de la dernière grappe et non à une feuille, préférablement pour nous à 4 qu'à 3. Les bourgeons faibles sont laissés libres sans être palissés ni pincés.

La végétation n'en reste pas là; les faux bourgeons : *entre-cœur*, *entre-feuilles*, apparaissent bientôt à l'aisselle des feuilles des bourgeons fructifères; quand ils ont 5 ou 6 centimètres, on les supprime; les vrilles le sont aussi.

Les faux bourgeons qui se développent sur les rameaux de prolongement sont pincés à une ou deux feuilles, mais non supprimés.

Fig. 103. — Bourgeon de la vigne pincé à 40 ou 50 cent. en *a* et son bourgeon anticipé lui-même pincé à une feuille en *a*.

Cisellement de la grappe. — Éclaircissement des fruits. — C'est au moyen du cisellement de la grappe que les cultivateurs de Thomery et de Conflans obtiennent ces beaux raisins si régulièrement espacés.

L'éclaircie des fruits est appliquée aux grappes entières quand ces dernières sont trop nombreuses, mais c'est le cas le plus exceptionnel, car on se résout difficilement à supprimer ce qui est toujours cher à conserver. Cette suppression a surtout lieu sur les grains qui composent une grappe. On se sert, pour pratiquer l'éclaircie, de ciseaux à pointes émoussées et à ressorts dans le genre de ceux qui provoquent l'ouverture du sécateur.

L'opérateur prend la grappe de la main gauche, ne tenant avec le pouce et l'index qu'un ou deux grains de l'extrémité inférieure qui lui servent à tourner la grappe en tous sens; puis, de la main droite armée de ciseaux, il supprime les grains de l'intérieur, ceux mal tournés et ceux qui sont trop rapprochés les uns des autres. Le ciselage se fait lorsque les raisins ont la grosseur d'un petit pois.

Après avoir terminé l'éclaircissage de chaque grappe, l'extrémité inférieure, déflorée par le contact des doigts, est supprimée. Autant que possible il convient de pratiquer pendant un temps couvert.

Effeuillage. — L'effeuillage est nécessaire pour donner au raisin cette belle coloration dont il a besoin pour flatter la vue. Avec le pêcher, la vigne est l'espèce fruitière dont les fruits sont le plus sensibles à cette opération.

La suppression des feuilles doit se faire en plusieurs fois et se recommencer quand les baies commencent à *tourner*; celles à enlever à ce moment sont les feuilles déformées, qui touchent le mur, pour permettre à ce dernier d'être frappé plus directement par les rayons solaires. Une quinzaine de jours plus tard, un deuxième effeuillage a lieu; il a de l'effet sur les feuilles qui empêchent les grappes d'être frappées directement par la lumière.

Une troisième et dernière opération se pratique lorsque le raisin est proche de la maturité. Autant que possible il faut opérer par un temps couvert et n'effeuiller que très peu le raisin noir.

Cette opération, bien pratiquée, donne au raisin une plus belle apparence, mais par contre on a remarqué qu'il est de moins bonne conservation.

Par conséquent l'effeuillage se fera modérément pour les raisins destinés à la conservation hivernale.

Lorsque la maturité est proche, il est bon de placer les auvents au-dessus des treilles, afin que les grappes ne soient pas mouillées par les pluies.

Insectes et maladies. — Nous ne possédons pas d'espèce fruitière qui ait été autant éprouvée que la vigne par les insectes et les maladies. Depuis que l'*oïdium* a fait son apparition, le cortège de tous les maux s'est abattu sur elle comme à plaisir. Nous sommes à nous demander comment il se peut qu'il y ait encore de la vigne en France, après avoir été assaillie par tous ces fléaux.

Phylloxera. — Parmi les insectes, c'est le plus redoutable. C'est lui qui jusqu'alors a occasionné le plus de ravages. Nous ne dirons rien de ses méfaits.

Il est combattu actuellement au moyen de la submersion, du sulfure de carbone et des espèces de vignes américaines sur lesquels on greffe des cépages français.

Cochylis, *Microlépidoptères*. — La cochylis occasionne quelquefois des dégâts aux vignes en espaliers. L'insecte parfait est un petit papillon inoffensif par lui-même; ce sont ses chenilles qui sont redoutables. Deux générations par an sont connues. La chenille de celle du printemps apparaît avec la fleur. Après avoir entortillé de fils nombreux les jeunes grains en formation et s'être fabriqué une coque soyeuse, elle dévore ces derniers.

Devenue chrysalide, elle se transforme en papillon, lequel pond à nouveau l'élément de la deuxième génération de chenilles. Ce sont celles-ci qui percent les baies dans le courant d'août pour pénétrer dans l'intérieur et manger les pépins. Cette deuxième génération traverse l'hiver à l'état de chrysalide. Les procédés de destruction préconisés jusqu'à ce jour sont loin d'être tous très pratiques. Nous recommandons le jus de tabac étendu de quinze ou vingt fois son volume d'eau et appliqué au moyen d'une seringue un peu avant la floraison et vers le commencement d'août : les chenilles n'y résistent pas, mais à la vérité elles sont difficiles à atteindre.

Pyrale de la vigne. — Elle a beaucoup d'analogie avec la cochyllis; il semble toutefois qu'elle attaque davantage les feuilles que les fruits. On a préconisé l'ébouillantage des ceps, nous sommes presque persuadé que le jus de tabac, appliqué comme il a été dit, donnerait d'excellents résultats.

Oïdium ou **Erysiphe Tuckeri.** — Ce champignon parasite semble avoir été signalé pour la première fois en Angleterre, à Margate, par le jardinier Tucker, pendant les années 1845-1847. En 1847, il était signalé en France dans les serres de Rothschild.

Le mycelium de ce parasite végète sur l'épiderme des baies, des bourgeons et des feuilles. On reconnaît les raisins attaqués par le feutrage blanchâtre qui les recouvre. Ce feutrage est produit par le mycelium qui mortifie l'épiderme. Celui-ci, ne se prêtant plus au grossissement du grain, éclate sous la pression intérieure; les raisins attaqués n'ont plus de valeur.

Heureusement que nous avons à notre disposition le soufrage, moyen infaillible pour s'en débarrasser. Le soufrage, dans les cultures bien tenues, fait partie des opérations de culture.

Ainsi, un premier soufrage lorsque les bourgeons ont 10 ou 15 centimètres de longueur; un deuxième après la floraison, puis un troisième et dernier, au moment de la véraison, sont infaillibles pour désorganiser ce parasite.

Ces soufrages doivent être appliqués en plein soleil avec un soufflet spécial à tuyère allongée et recourbée.

Mildiou ou **Peronospora viticola**. — Encore un champignon, celui-là, mais bien plus redoutable encore. Il ne se contente pas de vivre sur l'épiderme, il pénètre dans toute la masse du parenchyme de la feuille, aux dépens duquel il vit, sans épargner le grain. Il est d'introduction récente et nous vient d'Amérique. Il nous a été importé en même temps que différentes espèces de vigne.

M. Max. Cornu, du Muséum d'histoire naturelle, avait cependant jeté le cri d'alarme, en 1873 : « On doit signaler un danger dans l'introduction trop précipitée de cépages américains, danger grave et redoutable, et dont nul ne se préoccupe jusqu'ici. Les vignes américaines, *labrusca* et *æstivalis*, sont attaquées dans leur patrie par un champignon parasite, le *Peronospora viticola*, appartenant au même genre que celui qui a si cruellement sévi pendant plusieurs années sur les pommes de terre.

« Les vignobles d'Amérique sont sujets à plusieurs maladies encore indécrites, mal connues et différentes de celles qui attaquent les nôtres. La plus à craindre semble être le *Peronospora*, qu'on n'a pas encore pu combattre avec succès.

« Je me permets de signaler ces dangers, dussé-je passer pour un pessimiste. »

Le mal a trouvé cependant son remède, non pas dans le soufre, mais bien dans les sels de cuivre, sous forme de *Bouillie bordelaise*, *Eau céleste*, *Ammoniure de cuivre* (Bellot des Minières).

Bouillie bordelaise. — 2 k. de cristaux de sulfate de cuivre dissous dans 100 litres d'eau, plus 1 ou 2 k. de chaux vive, de première qualité, sous forme de lait de chaux, au moyen de 5 ou 6 litres d'eau, ajoutés dans la solution de sulfate de cuivre, puis bien mélangés, nous donnent la *Bouillie bordelaise*.

On ajoute avantageusement aux matières précédentes 2 k. de mélasse. Cette préparation est certainement la meilleure et la moins dangereuse.

Eau céleste. — 500 grammes de sulfate de cuivre dissous dans 100 litres d'eau, plus 1 litre d'ammoniaque constituent l'*Eau céleste*.

Ammoniure de cuivre ou **réactif de Schweizer.** — Nous donnons la manière de le préparer suivant le procédé de M. Bellot des Minières : On prend de la tournure de cuivre — rubans légers, sorte de copeaux que donne une barre de *cuivre passée au tour*; on en remplit des entonnoirs, puis on verse de l'ammoniaque pesant 22°; on la reprend, on la reverse et on la passe et repasse jusqu'à ce que la tournure soit dissoute.

Avec 1 k. de tournure on peut faire 150 k. d'ammoniure. Quand on a son ammoniure préparé et tenu en vase clos, on en pèse 8 k. ou 7 k. 500 et on les verse dans une barrique bordelaise préalablement à *moitié* remplie d'eau très pure; on y verse les 8 ou les 7 k. 500, selon qu'on veut marcher à 35 ou 37 gr. am. sur 1000 grammes eau, *on fait le plein*; on agite, car l'ammoniure pèse moins que l'eau, on mêle en roulant la barrique quatre ou cinq fois sur elle-même.

L'ammoniure nous a donné toujours de très bons résultats.

Trois aspersions sont nécessaires pour être maître du *mildiou* : du 15 au 20 juin, un premier traitement est indispensable, un deuxième vers la fin de juillet et puis un troisième vers la fin du mois d'août. Ce troisième est souvent négligé, c'est un tort.

D'autres maladies sont particulières à la vigne, nous n'avons parlé que de celles qui nous importent le plus.

V

CERISIER

Origine. — Histoire. — Mode de végétation. — Le cerisier, ou plutôt nos cerisiers, sont des *Rosacées* que nos botanistes modernes classent avec nos pruniers : ils en forment un groupe à part. Toutes les variétés horticoles, qui sont très nombreuses, n'ont pas toutes, comme point de départ, une seule et même espèce, et en cela nos botanistes sont loin d'être d'accord.

Nous prendrons comme guide l'excellent ouvrage de M. Alphonse de Candolle sur l'*Origine des espèces cultivées*. Nous admettrons donc avec lui que toutes nos variétés de cerises, c'est-à-dire celles que nous désignons comme telles, ont pour origine deux espèces : le *Prunus avium* L. ou *Cerasus avium*, d'où seraient sortis nos BIGARREAUX ;

Le *Prunus cerasus* ou *Cerasus vulgaris* aurait donné les autres variétés horticoles, telles que les CERISES proprement dites GRIOTTES et GUIGNES.

Le *Prunus avium* ou Merisier est indigène dans toute l'Europe et l'Asie occidentale tempérée ; on le rencontre dans les bois d'une grande partie de la France.

Le *Prunus cerasus*, que l'on trouve égalcment en France, serait originaire de la région située entre la Caspienne et l'Anatolie occidentale.

Le cerisier est un arbre précieux, il donne des fruits qui sont d'autant plus appréciés qu'ils sont les premiers sur les marchés.

Au point de vue botanique, le fruit est une drupe.

Ajoutons à cela qu'il y a beaucoup d'arbres d'ornement qui sont loin de l'égaler au point de vue décoratif; adopté à ce point vue, le cerisier aurait un double rôle, car, tout en fleur, il est du plus haut ornement.

Variétés. — Toutes nos variétés que nous désignons sous le nom de cerises, sont cependant classées en quatre groupes : les Cerises, les Griottes, les Bigarreaux et les Guignes.

Les **Cerises** proprement dites ont la chair douce, sucrée, légèrement acidulée et à jus incolore ; l'arbre laissé en liberté se forme une tête arrondie.

Les **Griottes**, comme les cerises, ont la chair tendre, à jus coloré, à saveur acide et parfois astringente et amère. Le port de l'arbre est à peu près celui des cerisiers, mais à bois plus grêle.

Les **Bigarreaux**. — Les fruits des variétés de cette section sont parfaitement reconnaissables; la chair en est ferme et croquante, à jus incolore, doux et sucré. L'arbre a un port élancé et vigoureux, à branchage robuste.

Les **Guignes**. — La forme des fruits se rapproche plus des bigarreaux que des cerises. La chair est tendre, molle, sucrée et acidulée, à jus rarement coloré.

Variétés de Cerises. — En première ligne : *Anglaise hâtive* de tout premier mérite, la plus précieuse de toutes, dans le jardin comme dans le verger.

Maturité : juin.

Belle de Choisy. — Le fruit est légèrement jaunâtre; la saveur, très sucrée, est des plus agréables.

Maturité : courant de juin et juillet.

Belle magnifique. — Très beau fruit. L'arbre se plaît bien à l'exposition nord, où ses fruits mûrissent plus tard et durent plus longtemps sur l'arbre.

Maturité : mi-juillet.

De Montmorency. — Fruit très apprécié pour les conserves.

Maturité : juillet.

Griottes. — Dans cette section, nous ne signalerons que la *Griotte du Nord*. La chair est ferme et à jus coloré, très peu sucré.

Maturité : fin juillet, commencement d'août.

Bigarreaux. — *Bigarreau Elton*. Fruit bon, gros, de couleur rose.

Maturité : fin mai, juin.

Bigarreau Napoléon. — Un peu plus tardif, fruit excellent.

Maturité : fin juillet.

Bigarreau Gelbe de Buttner. — Fruit blanc, bon. Mûrissant en juin, juillet.

Guignes. — Dans cette section nous nous contenterons de nommer la *Guigne pourpre hâtive.*

Mûrissant fin juillet.

Climat. — Exposition. — Sol. — Presque tous les climats conviennent aux cerisiers, on les trouve répandus un peu partout.

Le cerisier laissé en liberté demande à être placé au grand air, dans une situation bien ensoleillée. Les expositions du levant et du midi au pied d'un coteau abrité des grands vents sont des situations tout à fait favorables à sa végétation. L'exposition du nord ne lui déplaît pas non plus, pourvu qu'il soit au grand air.

Au jardin fruitier, toutes les expositions peuvent être utilisées par lui. Au midi les fruits sont avancés de quinze jours dans leur maturité; à l'exposition du nord ils sont au contraire retardés d'un mois.

Il y a peu de terrains qui ne puissent être occupés par le cerisier; ceux qui semblent, à première vue, infertiles, donnent souvent d'excellents résultats dans la pratique. Nous allons voir pourquoi, en parlant des sujets.

Multiplication. — La greffe est le seul procédé de multiplication utilisé pour propager nos nombreuses variétés. Deux sujets sont surtout employés : le merisier, *Prunus avium*, et le cerisier de Sainte-Lucie, *Cerasus Mahaleb.*

Le premier est utilisé surtout pour obtenir des arbres à haute tige, pour le verger. Ils sont greffés en fente, en incrustation ou en écusson à 1 m. 80 ou à 2 mètres de haut.

Le Mahaleb sert de sujet au cerisier dont on veut former des basses tiges ou des espaliers. Il est greffé à 8 ou 10 centimètres au-dessus du sol en écusson à œil dormant, fin août, commencement de septembre.

Dans les terrains de médiocre qualité, nos variétés de cerisiers greffés sur Sainte-Lucie donnent de petites tiges à hauteur d'homme, très productives.

Le cerisier greffé sur le premier sujet demande un sol relativement fertile, profond et de moyenne consistance. Au contraire, le cerisier Sainte-Lucie s'accommode pour ainsi dire de tous les terrains; les sols secs et brûlants ne lui sont pas contraires. Mais il faut bien se garder de le planter dans des endroits humides, à sous-sol imperméable.

Ces deux sujets s'obtiennent de semis.

Formes. — Le cerisier se laisse particulièrement bien conduire en palmette simple ; l'horizontalité des branches semble convenir à sa manière de végéter : nous la recommandons particulièrement. Lorsque ces dernières sont tenues longues, sans taille, la branche fruitière se forme d'elle-même, les petits bouquets apparaissent en grand nombre. Les palmettes *Verrier* sont aussi très recommandables. On obtient aussi avec le cerisier de charmantes petites pyramides, mais alors les étages de cinq branches dont nous avons parlé seront distancés à 25 centimètres lorsqu'il a comme sujet le cerisier Sainte-Lucie. Le *gobelet* ne doit pas non plus être oublié. Le plein vent sera tenu haut de 1 m. 80 à 2 mètres, et même plus.

Distance de plantation. — Nous donnerons entre chaque branche de cerisier, élevé en espalier ou contre-espalier, une distance de 30 centimètres; il s'ensuivra que les palmettes *Verrier* à une série seront distancées de 1 m. 50 ; à deux séries, 2 m. 10, etc.

Nous donnerons une distance de 6 mètres entre chaque palmette à branches horizontales, pour les cerisiers greffés sur merisier, et 4 mètres lorsqu'ils le seront sur Sainte-Lucie.

Pour les hautes tiges, nous conserverons entre elles 6 mètres au moins. Un intervalle de 3 ou 4 mètres pour les pyramides est suffisant.

Taille de la branche à fruit. — Nous venons de laisser entrevoir que la branche fruitière la plus précieuse est le petit *bouquet de mai* qui se forme naturellement lorsque les branches charpentières sont maintenues longues.

Mais il faut prévoir l'évolution de quelques bourgeons sur lesquels l'arboriculteur doit sévir pendant la végétation. Ces bourgeons doivent être pincés jeunes, lorsqu'ils ont 7 ou 8 centimètres dé longueur au plus, à trois ou quatre bons yeux ; il se forme alors à la base de ceux-ci les organes de fructification dont nous venons de parler, ou bien des boutons isolés. A la taille d'hiver on *assoit* la taille au-dessus d'eux.

Après le premier pincement, si l'œil qui devient terminal venait à se développer, on l'arrêterait à une feuille de son empâtement, et plusieurs fois si cela est nécessaire.

Dans certaines variétés les bourgeons portent des yeux très éloignés les uns des autres : il n'y a pas de manière particulière pour les traiter, si ce n'est que le pincement à trois ou quatre feuilles doit être fait de bonne heure.

Enfin, si à la taille il se présentait des rameaux

qui n'aient pas été pincés à l'état de bourgeon, on leur appliquerait la taille à trois yeux, et l'œil de taille développé en bourgeon subirait le même traitement qu'un bourgeon ordinaire.

Insectes. Animaux nuisibles et maladies. — Le *Puceron noir* (*Aphis cerasi*) attaque l'extrémité des bourgeons; on le détruit par des bassinages répétés à l'eau de tabac.

La *Tenthrède éthiopienne*, connue par les arboriculteurs sous le nom de *ver limace*, mange le parenchyme des feuilles. Gluante, de couleur noire, la larve se tient sur la surface des feuilles. Pour la détruire, il faut projeter dessus de la chaux pulvérisée ou bien appliquer des bassinages à l'eau de tabac.

Les Bigarreaux et les Guignes sont fréquemment attaqués par l'*Ostalide* des cerises, qui dépose une larve dans les fruits; les cerises proprement dites sont épargnées; l'*Ostalide* est connue sous le nom de *mouche des cerises*.

Les oiseaux sont friands de cerises. Les espaliers seront protégés par des toiles à mailles très larges. Les produits des arbres en plein vent le seront à coups de fusil.

Le cerisier n'est pas exempt de la *gomme*. Ce que nous en avons dit à l'article du pêcher s'applique également au cerisier.

VI

ABRICOTIER

Origine. — Histoire. — Mode de végétation. — Dans l'état actuel de nos connaissances, nous avons de bonnes raisons pour considérer l'abricotier, *Prunus Armeniaca* L., comme originaire de la Chine. M. Alphonse de Candolle, qui a recueilli à ce sujet beaucoup de documents, n'hésite pas à affirmer sa spontanéité dans ce pays. L'hypothèse de l'indigénat en Arménie d'abord, puis en Afrique, doit donc être rejetée.

Cultivé dès la plus haute antiquité, il est mentionné dans les écrits de Dioscoride et de Pline. Enfin il est établi que les Chinois le connaissaient deux ou trois mille ans avant l'ère chrétienne.

L'abricotier est un arbre de 3e grandeur, qui se forme naturellement en tête arrondie, à branches plus ou moins étalées à la base. C'est un de nos arbres fruitiers à floraison très printanière; aussi sa fructification dans les pays septentrionaux est-elle plus ou moins chanceuse.

Disons en passant que les fruits sont bien supérieurs en qualité lorsqu'ils proviennent d'arbres laissés en liberté. N'oublions pas que c'est un arbre des pays chauds.

Les fruits sont des drupes, qui jouent un très grand rôle dans la fabrication des confitures et des compotes. A l'état frais, ils possèdent une chair succulente et parfumée.

Variétés. — Les variétés sont assez nombreuses; nous ne mentionnerons que les plus méritantes :

Abricot gros Saint-Jean. — Variété hâtive, mûrissant dans le courant de juillet. Sans être excellent, son fruit est assez apprécié, à cause de sa précocité.

Abricot de Nancy. — Il est connu encore sous le nom d'*A. Pêche.* Plus tardif que le précédent, il lui est aussi bien supérieur. L'arbre est vigoureux et fertile.

Maturité : août, septembre.

Abricot Royal. — Le fruit est bon.

Maturité : fin juillet, première quinzaine d'août.

Abricot Alberge. — Variété se reproduisant assez bien de semis ; son fruit est très estimé pour les confitures.

Maturité : première quinzaine d'août.

Ab. Jacques. — L'arbre est vigoureux et d'une grande fertilité. La chair du fruit est ferme; aussi est-il propre à la conservation dans les sirops pour être conservé entier.

Maturité : fin juillet, août.

Climat. — Exposition. — Sol. — Le climat naturel de l'abricotier est le midi. Lorsqu'il s'avance vers le nord, ses fruits perdent de leurs qualités ; sa floraison printanière y exige l'espalier, et bien souvent l'abri du mur n'est pas suffisant pour assurer sa fructification. Dans bien des circonstances, les auvents au-dessus et les toiles au-devant des arbres sont nécessaires.

L'exposition du midi et du levant sont les expositions à donner à l'abricotier cultivé en espalier. En plein air, où il donne d'excellents résultats, les situations abritées des vents du nord lui seront très favorables.

Sans être très exigeant sur la nature du sol, il faut qu'il soit sain, perméable, facile à s'échauffer. Greffé sur prunier, il prospère cependant bien dans les terres médiocres et argileuses.

Multiplication. — Le semis des noyaux s'emploie pour propager les variétés, mais les résultats qu'il donne sont incertains, les caractères des variétés ne se reproduisant pas fidèlement par ce procédé. Le mode de multiplication le plus employé, le plus avantageux, est la greffe.

Les sujets porte-greffe sont : Prunier, P. *St-Julien* et P. *Damas noir*, qu'on se procure au moyen du semis et du marcottage en cépée.

L'abricotier de semis ou sujet *franc* est considéré comme bien meilleur et préféré dans certaines localités aux deux précédents. Le mode de greffage est l'écusson.

Formes. — Toutes les formes pour espalier et contre-espalier que nous avons décrites à l'article *Poirier* peuvent être appliquées à l'abricotier; elles s'obtiennent de la même façon.

La distance à donner entre chaque branche est de 30 centimètres.

La haute tige, pour verger, voire même quelquefois pour jardin fruitier, ne doit pas être élevée : 1 m. 50 à 1 m. 70 de tige nue sont suffisants.

L'abricotier est un des arbres qui se prêtent le plus difficilement aux formes régulières; les branches de charpente meurent quelquefois comme par enchantement, sans cause apparente. Heureusement qu'il a la faculté de donner facilement naissance à des gourmands qu'on utilise pour remplacer les branches manquantes. Quoi qu'il en soit, c'est un arbre capricieux en espalier.

Distances de plantation. — Les distances que nous avons données au chapitre *Poirier* sont en tout applicables à l'abricotier comme formes régulières; cependant on l'élève rarement en pyramide. La haute tige, qui convient très bien à l'abricotier, sera plantée à 5 mètres de distance.

Taille des branches fruitières. — La branche de charpente tenue longue se garnit assez régulièrement de bouquets de mai; dans ce cas la taille est très simple : lorsqu'ils sont nombreux sur la même coursonne, on ne conserve qu'un ou deux des plus inférieurs; c'est d'ailleurs sur eux qu'il faut compter pour avoir de beaux fruits.

En supposant que nous ayons un bourgeon à traiter, pour les obtenir, il faut le casser à 5 ou 6 ou 8 centimètres de son empâtement, mais seulement lorsqu'il a atteint 15 ou 16 centimètres de longueur. Si l'œil sur lequel on a cassé se développe, on l'arrête par un pincement à une ou deux feuilles; si deux, le supérieur est enlevé pour traiter le 2e comme s'il était unique.

Les bourgeons non pincés, à l'état de rameaux au moment de la taille, seront taillés à 5 ou 6 bons yeux. Pendant la végétation, on ne conservera qu'un bourgeon, s'il s'en développe plusieurs, le plus près de la branche de charpente, lequel sera traité comme il a été dit. Ces rameaux, lorsqu'ils auront formé des bouquets de mai à leur base, posséderont les meilleurs organes pour la fructification.

Insectes nuisibles et maladies. Pyrale contaminée. — Les feuilles sont littéralement dévorées par les chenilles de cette espèce. Des seringages au jus de tabac coupé de 15 fois son volume d'eau les détruisent.

La **Pyrale de Weber.** — Les chenilles creusent des galeries entre l'écorce et l'aubier, non seulement des abricotiers, mais encore des pruniers, cerisiers, etc. Elles sont difficiles à détruire.

Comme les autres arbres à noyau, l'abricotier est atteint de la *gomme*, affection dont nous avons parlé au chapitre du pêcher.

VII

PRUNIER

Origine. — Histoire. — Mode de végétation. — Toutes nos races de pruniers cultivés dans les jardins auraient pour origine primordiale deux espèces : le *Prunus domestica* L. et le *Prunus insititia* L. Le premier de ces types semble avoir une habitation première étrangère à l'Europe, car partout où on le trouve, il a toutes les apparences d'un arbre à l'état subspontané. Les palafittes de l'Italie, de la Suisse et de la Savoie n'ont jamais donné de traces de noyaux de cette espèce. Suivant M. de Candolle, son berceau serait l'Anatolie, le midi du Caucase et la Perse septentrionale.

Le **Prunus insititia** aurait, contrairement à l'espèce précédente, une demeure originelle européenne méridionale, en même temps que le midi du Caucase et l'Arménie.

Envisagés à un point de vue général, nos pruniers sont des arbres de la famille des *Rosacées* de 3e grandeur, dépassant rarement 5 mètres.

Leur port varie suivant les variétés, mais toujours le branchage est plutôt surbaissé qu'élevé.

Les feuilles, caduques, sont ovales et dentées, supportées par un pétiole relativement court.

Les fleurs apparaissent déjà lorsque l'arbre est encore dépourvu de feuilles; à ce moment, il est très décoratif.

Les fruits qui y succèdent sont des drupes, de forme, de couleur et de grosseur fort variables, recouverts de matière cireuse, à laquelle on a donné le nom de *pruine*.

Les racines, traçantes, peuvent occuper une large surface de terrain.

Variétés. — Nous serons réservé dans le nombre des variétés dont nous devons faire choix.

De Montfort. — Beau et bon fruit, d'un rouge violacé tirant sur le noir. La chair, d'un jaune verdâtre, est juteuse, bien sucrée.

Maturité : deuxième quinzaine d'août.

Jefferson. — Elle est originaire des États-Unis. Le fruit est gros, jaune, lavé de rose, doré, à chair juteuse et très parfumée.

Maturité : fin août.

Kirkès. — Variété également américaine. L'arbre est très fertile. Le fruit est de toute beauté, d'un bleu noirâtre, à peau recouverte d'une pruine abondante. Bien juteuse, la chair est très bonne.

Maturité : fin août.

Reine-Claude. — **R.-Claude verte**. — Il n'y a pas de variété qui l'égale. C'est la reine des prunes. Le fruit est délicieux, de qualité supérieure.

Cette variété convient mieux que toute autre pour la conserve dans les sirops.

Maturité : fin août.

Mirabelle petite. — Mirabelle abricotée. — Le fruit est de première qualité, surtout dans la Lorraine.

Maturité : deuxième quinzaine d'août.

Goutte d'or de Coé. — Elle n'est pas toujours très bonne, mais elle est toujours très belle. Le fruit, assez gros, d'un jaune d'or, taché de carmin, le rend admirablement propre à être dressé sur les tables. Sa chair est bonne.

Maturité : fin septembre.

Quetsche d'Allemagne. — C'est la prune de prédilection pour la tarte dans toute la Lorraine. Le fruit est beau, à chair ferme.

Maturité : septembre.

Climat. — Exposition. — Sol. — Comme climat, le prunier suit la vigne; ses fleurs risquent, dans les climats septentrionaux, d'être détruites par les premières gelées de printemps. A part cela, c'est un arbre rustique, ses fruits pouvant encore mûrir assez avant vers le nord.

Les situations bien ensoleillées, à l'abri des vents violents, ou dans les plaines larges, bien aérées, sont les meilleures conditions de bonne venue.

Tous les sols conviennent également au prunier : il n'est difficile sur aucun; il y prospère très bien dans ceux qui sont argileux, sableux, frais.

Multiplication. — Bien qu'on puisse se servir du semis pour propager certaines de nos variétés dont les caractères se perpétuent de cette manière, ce mode n'est pas avantageux.

On utilise encore les drageons qui poussent au pied des arbres ; ce procédé n'est pas non plus recommandable, les arbres qui en proviennent ayant des dispositions très grandes à drageonner.

Le meilleur de tous est le greffage.

Les sujets propres au greffage, ceux qui donnent les meilleurs résultats, sont le *Prunier St-Julien*, de semis, et le *P. Myrobolan*, obtenu de semis ou par bouture de marcotte en cépée.

Le greffage a lieu en écusson à œil dormant au déclin de la sève, en pied ou en tête, ou en fente, dans les mêmes conditions, au printemps.

Les variétés vigoureuses, telles que *Reine-Claude de Bavay*, *Mitchelson*, peuvent servir d'intermédiaire pour les variétés s'élevant difficilement à haute tige, comme par exemple la *Mirabelle*.

Formes. — Le prunier est un arbre fruitier très sensible à la forme qui lui laisse de la liberté dans ses branches ; c'est donc la haute tige que nous lui préférerons. Aimant le grand air, il appartient plutôt au verger qu'au jardin fruitier.

Malgré cela, on forme avec lui de charmantes petites pyramides. L'espalier ne lui déplaît pas non plus, mais il préfère la palmette à branches horizontales, pour les mêmes motifs que ceux que nous avons rappelés pour le cerisier.

Ces formes s'obtiennent par les mêmes procédés déjà étudiés. Entre chaque étage de cinq branches dans la pyramide, on ne laissera qu'un intervalle de 25 ou 30 centimètres. Pour les formes palissées, chaque branche de charpente doit être distancée de sa voisine de 0,30.

Taille des branches fruitières. — La taille de

celles-ci a beaucoup d'analogie avec celle du cerisier; les meilleures sont les petits *bouquets de mai*. Par l'allongement des branches mères on les obtient sans taille. Les bourgeons qui se développent sur ces dernières sont, comme ceux du cerisier, pincés à trois bons yeux. Les petits *bouquets de mai* qu'ils produisent à leur base forment des productions sur lesquelles la taille sera établie plus tard.

Distance de plantation. — Nous donnerons une distance de 5 ou 6 mètres entre chaque haute tige : 5 mètres pour la palmette à branches horizontales; 4 mètres pour la pyramide; 0,90 pour la palmette *Verrier* à 1 série.

Insectes nuisibles et maladies. — La *Pyrale de Weber* produit une larve qui vit entre l'écorce et l'aubier des pruniers, ainsi que pour les cerisiers; elle est difficile à détruire.

La *Pyrale des pruniers*. Très commune dans certaines années, elle occasionne souvent des dégâts considérables. Les chenilles attaquent les fleurs d'abord, et ensuite les feuilles, où elles se transforment en chrysalides, après les avoir enroulées. Même moyen de destruction que celui que nous avons indiqué pour toutes les autres chenilles.

Carpocapse des prunes. — La chenille ou *ver* des fruits s'introduit dans les jeunes prunes en formation, dans lesquelles elle trace des galeries. — Ramasser les fruits véreux et les brûler.

Le prunier, comme le pêcher, le cerisier, l'abricotier, n'est pas exempt de la *gomme*.

VIII

FIGUIER

Origine. — Histoire. — Mode de végétation. — Le figuier est un petit arbre des régions tempérées et chaudes. M. Alph. de Candolle lui attribue comme origine la région moyenne et méridionale de la Méditerranée. C'est d'ailleurs dans ces régions qu'il occupe de grandes étendues et que sa culture y est faite sur de très grandes surfaces. C'est un de nos arbres le plus anciennement cultivés.

Son ancienneté dans le midi de la France semble être démontrée par ce fait que MM. Planchon et de Saporta ont trouvé, le premier dans les tufs quaternaires de Montpellier, le deuxième dans ceux d'Aygalade près de Marseille, des feuilles et même des fruits du *Ficus carica.*

Les rameaux sont robustes, remplis de moelle. Les feuilles qu'ils portent sont alternes, rudes au toucher, caduques, à 5 lobes, quelquefois à 3 et plus rarement entières.

La figue n'est pas un *fruit* : c'est une inflorescence qui porte des fleurs mâles et des fleurs femelles enveloppées par le réceptacle; on la rapporte à la catégorie des fruits composés, elle se forme sur le bois de l'année.

Sous le climat de Paris, ces figues portées par les bourgeons de l'année n'arrivent à complète formation et à maturité que l'année suivante, après avoir été *hivernées sous terre.* Ces figues sont appelées *figues fleurs, premières figues.* Dans la Provence, au contraire, les figues mûrissent presque toutes dans la même année de leur formation, avec des variétés hâtives. Quelquefois cependant il n'y en a qu'une partie, celles de la base des bourgeons. Ces dernières sont dites alors *deuxièmes figues*, ou *figues d'automne*, par rapport à celles qui sont récoltées sur le bois de l'année précédente et dont nous aurons à parler encore à l'article *Taille et ébourgeonnement*.

Les racines sont traçantes, vigoureuses, pouvant s'étendre très loin du pied mère.

Les rameaux, lorsqu'ils sont en contact avec le sol, émettent facilement des racines adventives. Cette faculté est utilisée pour propager l'espèce.

Variétés. — Comme toutes les plantes anciennement cultivées, le figuier a donné un grand nombre de variétés.

Les plus estimées pour la région du centre, de l'ouest et du nord sont :

La *Blanquette*, connue sous le nom de *Blanche d'Argenteuil*, la *Violette longue*, la *Dauphine* à fruit violet, celle de *Versailles* à fruit jaune.

Dans le midi, la *Bourjassotte blanche*, la *Coucourelle blanche, des Dames, Doucette, Bellone, Franche Paillarde*, sont autant de variétés qui jouissent d'une très grande faveur; les deux dernières sont des figues colorées.

Climat. — Exposition. — Sol. — Nous avons vu que le climat du figuier est la région méditerranéenne; c'est donc un arbre frileux. On parvient cependant, avec quelques soins et à bonne exposition, à le cultiver dans les environs de Paris : les fruits qu'il y donne sont même excellents.

Comme situation et exposition à donner au figuier, dans le centre et dans le nord, le penchant d'un coteau exposé au midi, abrité des vents du nord, remplit toutes les conditions désirables.

Tous les sols conviennent au figuier : qu'ils soient légers, argileux, humides, il prospère dans tous. Les terres de moyenne consistance, conservant bien leur fraîcheur pendant l'été, surtout pour le midi, sont celles qu'il préfère.

Multiplication. — Les procédés de multiplication les plus pratiques pour propager les variétés du *Ficus carica* sont le *bouturage* et le *marcottage* : tous deux donnent d'excellents résultats.

Dans le midi on bouture vers le mois de février; dans le nord de la France on attend le courant du mois d'avril. Les rameaux, choisis parmi ceux qui ont un diamètre de 2 à 3 centimètres, sont coupés en biseau à la base; on leur laisse une longueur de 25 ou 30 centimètres. Ces boutures, enfoncées très profondément dans le sol, émettent suffisamment de racines pour être plantées en place à la fin de l'année ou au printemps qui suit.

La marcotte se fait aussi en avril avec des rameaux de 2 ans dont les ramifications sont supprimées sur toute la partie à enterrer. Courbé dans une petite tranchée, puis relevé à angle droit, ou bien passé à travers les mailles d'un panier grossièrement tressé, le rameau est sevré à l'automne et prend le nom de *chevelée*.

Culture. — Dans le midi de la France, le figuier est laissé en liberté; il prend alors les dimensions d'un arbre de troisième grandeur. Comme taille on se contente de supprimer les branches trop nombreuses, qui feraient confusion, puis le bois mort.

Dans le nord il ne saurait en être ainsi, car il faut qu'il soit planté et élevé dans des conditions telles, qu'elles permettent de l'abriter facilement pendant l'hiver. La forme qui se prête le mieux à ces exigences est la *cépée inclinée.*

Dans un jardin de moyenne étendue, un ou deux figuiers suffisent largement.

Plantation. — La plantation des boutures ou des *chevelées* a lieu à l'automne ou au printemps, préférablement en mars. Elle s'effectue immédiatement auprès d'un mur ou en plein carré à bonne exposition.

Le sol défoncé et amendé convenablement, on ouvre un trou profond de 40 ou 50 centimètres, sur autant de largeur. La marcotte est ensuite disposée au fond du trou, inclinée, faisant avec la verticale un angle de 30 ou 35°. Après cela, on la couvre de 25 ou 30 centimètres de terre, en laissant les ramifications dégagées s'il y en a. La partie en contrebas du sol formera bassin pour recueillir les eaux. Après un an ou deux de végétation libre, mais préservée contre les froids de l'hiver, comme il va être dit, la *marcotte* est recepée jusqu'à la base, pour en obtenir des ramifications vigoureuses qui formeront la *cépée.* Si après ce recepage les branches qui en sortent ne sont pas jugées suffisantes, on peut les bifurquer pour en augmenter le nombre; une fois établie, elles doivent toutes porter de chaque côté, mais non dessus, des branches fruitières à 30 ou 35 les unes des autres et taillées suivant les règles que nous allons donner.

Les opérations les plus importantes ayant lieu au

printemps, nous commencerons par indiquer le procédé suivi pour préserver les figuiers contre les froids.

Préservation contre les froids. — Sous le climat de Paris, le figuier risquerait fort d'être gelé s'il n'était préservé des gelées les plus rigoureuses.

Rappelons que les figues se forment sur le bois de l'année et que les rameaux ainsi munis de leurs fruits sont protégés des froids de l'hiver. Ces jeunes figues, nous l'avons dit, après avoir été hivernées, produisent les *figues fleurs*.

Nous savons que la cépée doit prendre une direction inclinée avec le sol, position avantageuse favorisant le couchage des branches dans une rigole de 25 centimètres de profondeur, creusée sous les branches principales, de largeur et de longueur en rapport avec la surface qu'elles occupent. La rigole préparée, il faut y incliner toutes les branches et les y maintenir à l'aide de crochets. Il ne reste plus qu'à couvrir la cépée de 25 ou 30 centimètres de terre prise tout autour, si celle provenant de la tranchée ne suffit pas.

Avant l'opération, les feuilles tombées sont enlevées, car leur contact avec les jeunes rameaux et les figues en formation provoquerait la pourriture.

Cette opération se fait dans la première quinzaine de novembre.

Dans les premiers jours de mars, lorsque arrivent les beaux jours, il faut songer à déterrer les branches de figuiers, autant que possible par un temps doux et couvert.

Taille et ébourgeonnement. — Nous avons sur nos branches de cépée des rameaux de l'année précédente qui sont pour nous les rameaux fructifères ; sous le climat de Paris, les figues en formation qu'ils portent donnent dans le courant de l'été les *figues fleurs* ou premières figues. Ces figues fleurs sont considérées comme premières parce que les bourgeons qui prennent naissance sur ces mêmes rameaux produisent à leur base des figues qui arrivent, pas toujours sous le climat de Paris, à maturité à l'automne et qui sont appelées pour cela *deuxièmes figues*.

Dès le mois d'avril, quand ils commencent à se développer, tous les bourgeons (œils des arboriculteurs) qui se trouvent aux extrémités des rameaux fructifères portant les figues fleurs, sont supprimés à la serpette dès leur point de naissance. Cet ébourgeonnement est indispensable pour permettre la sortie des yeux de la base destinés à remplacer les rameaux de l'année précédente.

Vers la fin du mois d'avril, tous les bourgeons qui avaient été respectés au-dessous de l'œil terminal sont également supprimés d'un coup de doigt, en ayant soin de ne pas faire tomber les *figues fleurs* qui les accompagnent. Toutefois on laisse un bourgeon de remplacement à la base et quelquefois un autre, avoisinant le sommet, comme *tire-sève*.

Dans bien des cas il est avantageux d'obtenir des figues deuxièmes ou d'automne, alors voici comment il faut opérer :

Au lieu de prendre un bourgeon remplaçant on en prend deux ; le plus élevé, *pincé à 14 ou 15 centimètres*, produit les figues d'automne. Après la récolte de ces dernières il est supprimé tout près du véritable remplaçant, qui portera, lui, les *figues fleurs* l'année suivante.

Caprification ou **apprêt des figues.** — L'huile d'olive a la propriété, lorsqu'on en dépose une goutte à l'aide d'un petit bout de bois sur l'œil de la figue, d'avancer sa maturité de quelques jours. L'exécution de ce travail, qui est désigné aussi par *toucher* ou *apprêter* les figues, se fait surtout pour la figue blanche.

Très délicate par elle-même, cette application d'huile demande un œil exercé, car touchés trop tôt, les fruits tombent. Le moment opportun pour apprêter les figues est celui qui correspond au changement de couleur du fruit. Ce moyen est absolument efficace; une figue *touchée* est mûre 8 ou 10 jours après.

Soins d'entretien. — Lorsque les figuiers sont relevés après l'hiver, il faut labourer la surface du sol. Pendant la végétation, des binages et des irrigations, si possible, sont les seuls travaux qu'ils réclament.

Maladies. — Dans les situations ensoleillées, à sol chaud, il arrive que les feuilles tombent prématurément; quelquefois les fruits eux-mêmes se détachent. Ce n'est pas une maladie, c'est un manque d'eau. Avec des arrosages copieux on évite cet inconvénient.

Le *Kermès du figuier* possède les mêmes mœurs que le kermès du poirier; il est plus gros. Les mêmes moyens de destruction sont applicables.

IX

FRAMBOISIER

Origine. — Histoire. — Mode de végétation. — Le Framboisier, *Rubus idæus* L., de la famille des *Rosacées*, est un arbuste d'origine européenne et de l'Asie tempérée.

Cultivé depuis près de deux mille ans, il est actuellement répandu un peu partout. Peu exigeant, il y a peu de jardins qui n'en possèdent quelques exemplaires.

Cet arbuste rhizomateux émet avec une grande facilité de nombreux rameaux qui partent de la souche. Ces derniers présentent la particularité de ne durer que deux ans, c'est-à-dire qu'après s'être développés pendant une année, avoir fructifié l'année d'après, ils se dessèchent, pour être remplacés par les nouveaux. Il y a cependant des variétés qui produisent des rameaux fructifères l'année même de leur développement, ce qui ne les empêche pas de produire une deuxième fructification l'année qui suit la taille. Ces variétés bifructifères ont été appelées *remontantes*.

Le fruit est connu de tout le monde sous le nom de *framboise*; au point de vue botanique c'est un fruit multiple, composé de petites drupes.

Le rôle qu'il joue dans la composition des sirops, des confitures, nous dispense d'insister pour lui réserver une petite place dans le jardin.

Variétés. — Nos variétés de framboises sont groupées en *ordinaires*, non remontantes, et en *bifructifères* ou remontantes.

Framboises ordinaires. Falstoff. — Fruit rouge, assez gros, très bon.

Hornet. — Fruit tardif, jus très coloré et abondant, précieux pour la confiserie.

Hollande. — Fruit jaune, bien sucré, à parfum agréable.

Framboises remontantes. — *Merveille des quatre saisons à fruits blancs* et *M. des quatre saisons à fruits rouges* sont deux excellentes variétés.

Surpasse Falstoff. — Fruit très gros, rouge.

Surpasse Merveille. — Le fruit est jaune et excellent; l'arbuste est fertile.

Climat. — Exposition. — Sol. — Le framboisier est l'arbre rustique par excellence. Il est plus disposé à redouter les excès de chaleur que les excès de froid. Dans le midi il lui faut l'exposition du nord, à moins que le sol ne soit naturellement frais ou irrigable. Il se plaît mieux dans les climats du nord que dans ceux du midi.

Il est peu difficile sur l'exposition. La plus mauvaise pour nos autres arbres fruitiers, celle du nord, remplit assez bien les conditions exigées par lui. Ainsi exposé, il redoute l'ombrage qui empêche son bois de s'aoûter et de supporter les froids de l'hiver; incomplètement lignifié, son bois gèle le plus souvent. Exposé au midi dans une terre fraîche, il donne des fruits plus tôt.

Peu exigeant sur la nature du sol, tous les terrains lui conviennent, à l'exception des sols arides et secs.

Multiplication. — Le seul mode de multiplication véritablement pratique est celui que procurent les drageons. Séparés des pieds mères à l'automne, puis plantés immédiatement en place, par deux ou par trois, ils donnent l'année d'après des pousses vigoureuses.

La plantation est quelquefois remise au printemps; dans ce cas, les drageons sont conservés en jauge jusqu'au moment de les mettre en terre.

Formes. — Le framboisier n'est soumis à aucune forme proprement dite; il est planté en touffes, distancées les unes des autres à 1 mètre ou 1 m. 50.

Taille. — Les bourgeons qui partent des souches des framboisiers sont tellement nombreux qu'ils formeraient un fouillis inextricable si on n'y mettait bon ordre.

Les fruits sont produits par les bourgeons de l'année qui croissent à l'aisselle des feuilles.

De tous les bourgeons qui se développent de la souche on n'en conserve que 4 ou 5, les mieux placés. S'ils proviennent d'une variété bifructifère, ils produiront des framboises l'année même. L'année suivante, ces mêmes bourgeons, passés à l'état de rameaux, sont taillés à 80 centimètres de longueur; les yeux qu'ils portent produisent de nouveaux bourgeons sur lesquels apparaissent les fruits. Après la fructification, ces rameaux sont supprimés ras de terre et sont remplacés par d'autres élevés pour cela.

Les plantations de framboisiers gagnent beaucoup à être disposées de façon à rendre possible le palissage des rameaux sur 2 rangées de fils de fer.

Pendant la végétation, cet arbuste ne réclame que des nettoyages et des binages. A l'automne ou au printemps, un léger labour avec application de fumier aux trois quarts décomposé est indispensable pour rendre lucrative une plantation de framboisiers.

Insectes nuisibles. — Le framboisier est l'un des arbustes fruitiers qui ont le moins à redouter l'attaque des insectes. Le plus nuisible est le hanneton; il faut en rechercher les larves et les détruire; il importe également de ne pas négliger le hannetonnage.

X

GROSEILLIER

Origine. — Histoire. — Mode de végétation. — Tous les groseilliers que nous rencontrons dans les jardins se rapportent à trois espèces : *Ribes rubrum* L., *Ribes nigrum* L., et *Ribes uva-crispa* L.

La première est le type de tous nos groseilliers à grappe à fruit rouge et à fruit blanc. La deuxième correspond au fruit du groseillier à fruit noir connu sous le nom de *Cassis*. La troisième est celle qui nous a donné nos diverses variétés de groseilles à maquereau.

Ces trois espèces sont indigènes et vivent à l'état sauvage dans toute l'Europe tempérée. Leur culture ne remonte pas à une très haute antiquité; elles étaient inconnues aux Grecs et aux Romains.

Il paraît même que si la culture du cassis a pris une certaine importance au siècle dernier, vers 1740, elle le devrait à une brochure sur cet arbuste dans laquelle on lui attribuait « toutes sortes de vertus imaginables ». Ce sont des arbustes buissonnants, à port plus ou moins touffu, dont les rameaux des variétés rentrant dans la troisième espèce sont garnis d'épines très piquantes.

Les deux premières espèces fournissent des variétés à fruits réunis en grappes. Ceux des variétés de la troisième sont solitaires ou réunis par 2 ou par 3.

Quoi qu'il en soit, les fruits de tous nos groseilliers jouent un très grand rôle dans la préparation de nombreux produits industriels, sans compter qu'ils donnent à l'état frais des fruits excellents.

Nous allons traiter séparément la culture de ces trois espèces.

GROSEILLIER A GRAPPE A FRUIT ROUGE

Variétés. — Nous avons dit que le type avait donné des variétés à fruit rouge et à fruit blanc.

Hâtive de Berlin. — Le fruit est gros, rouge.

Hollandaise rouge. — Le fruit est d'un rouge clair, c'est une variété tardive.

Versaillaise. — Cette variété donne de belles grappes de fruits excellents; l'arbuste est fertile.

Hollandaise blanche. — C'est la variété considérée comme la meilleure dans cette catégorie. Les fruits sont très sucrés.

Climat. — Exposition. — Sol. — Nos groseilliers sont des arbustes rustiques qui vivent dans tous les climats et à toutes les expositions. Dans les sols les plus divers, sableux, argileux, pierreux, ils s'y comportent bien, ce qui n'est pas une raison pour leur en donner un mauvais.

A l'exposition du nord, ces fruits mûrissent plus tard; à celle du midi, la maturité est avancée de quelques jours.

Multiplication. — Les branches de cet arbuste en contact avec le sol émettent avec facilité des racines adventives, propriété qui rend le bouturage et le marcottage très pratiques pour la propagation de nos variétés ; le semis n'est employé que pour en rechercher de nouvelles. Le bouturage est plus avantageux que le marcottage.

La récolte des boutures doit se faire à l'automne, lorsque les feuilles sont tombées. Les meilleurs rameaux sont ceux d'un an, bien aoûtés et ayant à la base une petite portion de bois de 2 ans. Tous ces rameaux, coupés à 25 ou 30 centimètres de longueur, sont mis en bottes et enjaugés le long d'un mur au nord. Au printemps, en mars, avril, ces boutures sont repiquées en pépinière dans une bonne terre, bien préparée, fraîche si possible, de façon à ne laisser sortir que deux ou trois yeux hors du sol. La distance à observer entre chaque bouture est de 25 à 30 centimètres.

Après le repiquage, qui se fait au plantoir, on donne un bon paillis de fumier aux 3/4 décomposé, puis des arrosages pendant la végétation si le sol se dessèche trop. Ces boutures sont généralement assez enracinées pour être plantées à l'automne ou au printemps d'après.

Culture. — Plantation. — Taille. — La culture du groseillier est très simple, les soins qu'elle réclame sont faciles à donner, aussi bien dans le jardin que dans les champs. On l'élève le plus communément en cépées ou en vases, distants les uns des autres de 1 mètre ou de 1 m. 50. Quelquefois on l'élève sur une seule tige, cordon vertical ; dans ces conditions, planté à 0 m. 30, il forme de jolis contre-espaliers et espaliers. La palmette *Verrier* lui sied admirablement.

La plantation a lieu aux mêmes époques que pour nos autres arbres fruitiers, à l'automne ou au printemps.

Pour constituer une cépée ou un gobelet on prend une bouture enracinée qu'on recèpe à trois yeux

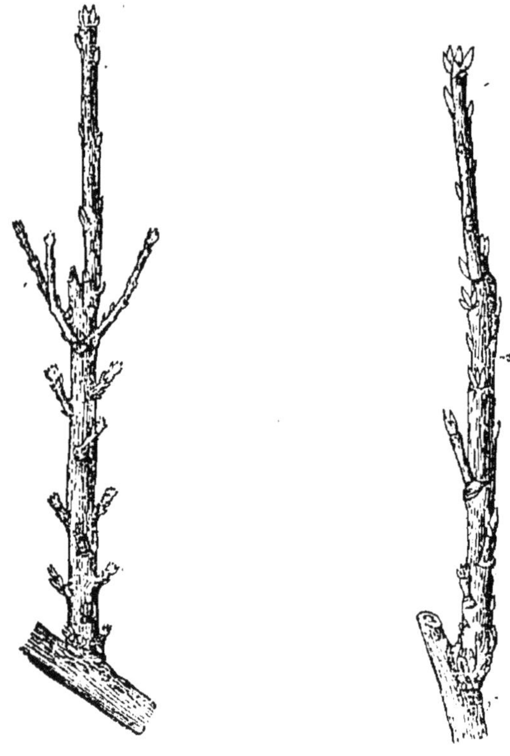

Fig. 104. — Rameau de groseillier ayant subi un pincement. Au-dessus des trois petites brindilles, le rameau porte de nombreux petits bouquets de mai.

Fig. 105. — Rameau de groseillier âgé d'un an, n'ayant subi aucun pincement. La partie moyenne porte cependant de nombreuses petites ramifications fruitières.

au-dessus du sol. Ces trois ramifications sont le point de départ de la forme entière. Si c'est un gobelet qu'on désire obtenir, l'année d'après, au moment de la taille, ces trois rameaux sont taillés sur deux yeux rapprochés le plus possible du point d'insertion des rameaux. Six nouveaux bourgeons sont la conséquence de cette 2e taille. Eloignés du centre au moyen de petites baguettes placées en arc-boutant, ils constitueront la charpente entière du gobelet. Si le nombre de branches n'était pas jugé suffisant, il serait facile de le doubler ou de le tripler. Ces dernières sont raccourcies annuellement de moitié ou du tiers pour permettre à la base de se consolider. Les fruits se forment sur le bois âgé d'un an. Les branches des groseilliers portent sur toute leur surface, lorsqu'elles sont tenues longues, de petits *bouquets de mai* (fig. 104 et 105) qui sont les plus précieuses ramifications fructifères; ils ne se taillent pas, à moins qu'ils ne soient trop nombreux: dans ce cas on en supprime, pour éviter la confusion. Les bourgeons qui naissent sur les ramifications mères sont arrêtés pendant la végétation, pincés à 3 feuilles. L'œil de pincement est arrêté lui-même, s'il y a lieu, à une feuille. A la taille il suffit de couper sur les petits bouquets de mai qui se sont formés à leur base.

Les groseilliers émettent des rameaux vigoureux qui partent du pied. Ils seront supprimés, à moins qu'on n'en ait besoin pour rajeunir les branches trop vieilles ne produisant plus. Annuellement un labour et une application d'un peu de fumier, des binages répétés, sont les seuls soins à leur prodiguer.

GROSEILLIER A MAQUEREAU

Ces groseilliers portent encore le nom de *groseilliers épineux.*

Variétés. — A fruit blanc : *Antagoniste, Shannon, Snow drop.*

A fruit jaune : *Golden drop*, *Husbandmann.*

A fruit vert : *Shiner*, *Conquering Hero.*

A fruit rouge : *London*, *Red Warington.*

Climat. — Exposition. — Sol. — Ce que nous avons dit sur le groseillier à grappe s'applique intégralement au groseillier à maquereau.

Multiplication. — La multiplication se fait aussi par bouture. Mais comme les rameaux sont moins longs, moins vigoureux, on en tiendra compte lors de la plantation, qui se fera plus rapprochée. Deux ans de pépinière ne sont pas trop pour avoir de beaux sujets.

Culture. — Plantation. — Taille. — Le groseillier épineux est plus difficile à maintenir par la taille. Il est plus buissonneux, puis, lorsque les branches sont nombreuses, il n'est pas abordable. De préférence on l'élèvera en *gobelet* ou en contre-espalier sous forme de *cordon vertical* ou en palmette *Verrier* à une série.

La taille se fait comme pour le groseillier à grappe, en tenant compte de ses aptitudes particulières.

Les soins d'entretien sont les mêmes.

GROSEILLIER A FRUIT NOIR (CASSISSIER)

La saveur caractéristique du fruit des variétés de cette espèce fait qu'elles ne sont pas appréciées partout également. Cependant la culture du groseillier à fruit noir est très étendue aux environs de certaines localités, Dijon par exemple, pour la fabrication de la liqueur de cassis.

Variétés. — Le *cassis ordinaire*, produisant des fruits petits mais en quantité, et le *cassis de Naples*, à fruit plus gros, sont les seules variétés importantes. Les conditions d'exposition, de sol, de culture et de taille sont les mêmes que celles qui ont été décrites à l'article *Groseillier à grappe à fruit rouge.* Un peu plus vigoureux que les variétés qui composent ce dernier groupe, il peut être élevé un peu plus haut au-dessus du sol.

Insectes nuisibles. — La *Phalène du groseillier* est un papillon qui produit des chenilles extrêmement voraces. Elles attaquent surtout les jeunes feuilles au printemps. Se servir pour les détruire du jus de tabac appliqué comme il a déjà été dit dans les chapitres précédents, 1 litre par 20 litres d'eau.

Mouche à scie du groseillier. — C'est une sorte de Tenthrède, donnant naissance à de fausses chenilles qui dévorent les parties herbacées des groseilliers.

Même moyen de destruction que pour la précédente.

XI

COGNASSIER

Origine. — Histoire. — Mode de végétation. — Le cognassier, *Cydonia vulgaris* L., est donné comme étant originaire de la Perse septentrionale. Sa spontanéité dans toute l'Europe méridionale et même très avant vers le nord semble douteuse; tout fait supposer qu'il y a été importé. Néanmoins on le trouve dans une grande partie de la France avec toutes les apparences d'un arbre sauvage.

Cultivé dès la plus haute antiquité, cette longue domestication n'a pas modifié son fruit comme forme ni comme saveur. Il est resté ce qu'il était auparavant, acerbe.

C'est un arbre de 3e grandeur, 4 à 5 mètres, de la famille des *Rosacées*, qui se forme naturellement en boule à branches retombantes. Les rameaux ainsi que les fruits portent un duvet facile à faire disparaître par le frottement. Les fruits, coings, se rapprochent beaucoup des poires comme forme. Complètement mûrs, ils répandent une odeur aromatique très agréable. Ils sont peu consommés à l'état frais; ils subissent au préalable diverses préparations et manipulations.

Les jeunes rameaux, en contact avec le sol, émettent facilement des racines adventives; cette propriété est mise à profit pour les multiplier.

Les racines sont traçantes et peuvent occuper une très grande surface.

Variétés. — Le *cognassier commun* est celui qui est le plus répandu dans le nord. Il a donné quelques formes de fruits connues sous le nom de *C. maliforme*, à fruit rond, et de *C. piriforme*, en forme de poire.

Le **Cognassier du Portugal** est celui qui produit les plus beaux fruits, les plus parfumés. L'arbre est vigoureux et fertile.

Climat. — **Exposition.** — **Sol.** — Le cognassier prospère dans tous les climats de la France. Dans le midi, le centre et le nord, on le rencontre partout : c'est dire qu'il est rustique.

Les expositions chaudes, à l'abri des vents, lui sont tout à fait convenables. Le choix du sol est d'une importance secondaire : il prospère dans tous.

Nous avons cependant vu que lorsqu'il sert de sujet au poirier, il n'en est pas de même; cette particularité ne devra donc pas être oubliée.

Formes. — Admis dans un jardin fruitier, on ne l'élève pas sous des formes régulières, on ne le soumet à aucune. C'est un arbre qui se dispose naturellement en tête arrondie, à tige peu élevée, mais jamais très droite. Il doit être laissé en liberté.

Taille. — La taille est nulle, le bois mort, les branches qui font confusion sont supprimées, celles qui s'allongent trop seront raccourcies.

Insectes. — Le cognassier est attaqué par les pucerons; on en a raison au moyen de seringages à l'eau de tabac.

XII

NOISETIER

Origine. — Histoire. — Mode de végétation. — Le noisetier, *Corylus Avellana* L., est un arbrisseau de la famille des *Cupulifères*. Son origine est l'Europe méridionale, où il se trouve à l'état spontané sur les lisières des bois, dans les haies d'une grande partie de la France.

Les feuilles, caduques, sont cordiformes, dentées, disposées sur deux rangs.

Les fleurs sont unisexuées; les fleurs femelles sont comme placées au centre d'un bourgeon, où elles apparaissent à peine au sommet.

Les mâles, groupées en chatons allongés, pendants, laissent échapper dès les premiers beaux jours une grande quantité de pollen, qui tombe directement sur les fleurs femelles, ou bien est emporté par le vent.

Les fruits, *noisettes*, sont des akènes entourés d'un involucre accrescent, réunis par deux, par trois, quelquefois par six et plus.

Les racines traçantes s'étendent au loin et drageonnent volontiers.

Variétés. — Plusieurs variétés ont été obtenues par la culture. Nous citerons les suivantes : *Noisette franche* ou *N. ordinaire* à fruit rouge et à fruit blanc.

Noisette de Provence. — Fruit rond assez gros, coque tendre, pellicule rouge.

Merveille de Bollwiller. — Fruit gros arrondi, très bon.

Climat. — **Exposition**. — **Sol**. — Le noisetier vient partout et n'est pas difficile sur le climat. Dans le nord cependant, les fruits se forment quelquefois sans donner d'amande.

Les expositions qui conviennent surtout au noisetier dans la plupart des climats sont celles du nord et de l'ouest.

Les sols légers et frais sont particulièrement favorables à sa végétation. Dans les terres argileuses il y pousse bien, mais sa fertilité est moins constante.

Multiplication. — Le noisetier se propage assez bien de semis; mais, si l'on tient à reproduire identiquement une variété, nous recommandons principalement le *marcottage compliqué.*

Formes. — Aucune forme n'est particulière au noisetier. Palissé sur la surface d'un mur, ses branches sont dirigées en tous sens. Planté en plein air, il est élevé sous forme de petit arbre.

Taille des branches fruitières. — On se contente d'enlever les ramifications qui font confusion et de supprimer les drageons qui partent du pied.

Insectes nuisibles. — Le seul qui soit réellement nuisible est le charançon des noisettes : *Balaninus nucum*. La larve de cet insecte s'introduit dans l'intérieur des akènes et produit le *ver* des noisettes.

XIII

NÉFLIER

Origine. — Histoire. — Mode de végétation. — Le néflier, *Mespilus germanica* L., est un arbrisseau qui vit à l'état spontané dans les bois de toute l'Europe centrale. Il appartient à la famille des *Rosacées*.

Sa taille est celle qu'atteint un arbre de 3e grandeur, 4 à 5 mètres au plus. Élevé à tige, ses branches se forment naturellement une tête arrondie.

Les feuilles portées, par des pétioles courts, sont ovales.

Les fleurs blanches solitaires se développent au sommet des rameaux. Les fruits qui y succèdent sontdes drupes à loges ossifiées. Les nèfles (fruits), extrêmement âpres, ne sont mangeables que lorsqu'elles sont blettes.

Variétés. — Deux variétés surtout recommandables : le *Néflier commun* et le *Néflier à gros fruit*.

Climat. — Exposition. — Sol. — Les fortes

chaleurs du climat méridional ne sont pas favorables à son tempérament. Les climats du nord et du centre sont ceux dans lesquels il donne les meilleurs résultats.

Tous les sols lui conviennent, à l'exception des terres absolument humides et très sèches.

Multiplication. — Le procédé de propagation le plus avantageux est le greffage en écusson à œil dormant en juillet, ou en fente au printemps au mois d'avril. On greffe sur aubépine et sur cognassier, préférablement sur le premier, vivant peu sur le deuxième.

Formes. — Le néflier est élevé principalement en buisson sans subir aucune taille. L'enlèvement des branches ou des rameaux mal placés est la seule suppression qui doit préoccuper l'arboriculteur.

Le néflier, greffé à 2 ou 3 mètres d'élévation sur aubépine élevée à haute tige, forme une belle tête arrondie.

Récolte des fruits. — La récolte ne doit avoir lieu que lorsque les premières gelées blanches ont passé dessus.

Conservées au fruitier, les nèfles blettissent et ne sont bonnes à manger qu'à ce moment-là.

Les insectes et les maladies ont respecté jusqu'alors cet arbrisseau.

APPENDICE

CONSERVATION DES FRUITS FRUITIERS

L'acte important de la fécondation accompli, les fleurs fécondées passent par des phases successives convergeant toutes vers un but final : la formation des graines et de la reproduction de l'espèce.

Les différents phénomènes qui s'observent depuis la fécondation de la fleur jusqu'à la maturité du fruit ont été réunis sous un nom qui les résume tous : LA MATURATION.

La période de maturation est donc celle qui tient sous sa dépendance les principales transformations qui s'accomplissent dans l'intérieur des fruits de toutes sortes et qui donnent à ces derniers les qualités qui les font rechercher pour la consommation, lorsqu'ils sont de nature à entrer dans notre alimentation. Ces transformations sont complexes et retardées ou accélérées, suivant les conditions de milieu dans lesquelles les fruits se trouvent placés.

Les matières amylacées, très abondantes pendant tout le temps que se forment les fruits, font place, dès qu'approche l'époque de maturité, aux principes acides et sucrés qui caractérisent chaque espèce de fruits.

Tous ces principes doivent être considérés comme des matériaux de réserve qui viennent, au moyen de migrations lentes et continues, des points où ils étaient localisés, se réunir tout formés, ou simplement amener les éléments destinés à les produire, dans la masse même des tissus à utiliser.

Les fruits qui mûrissent pendant tout l'été ne se conservent pas, ou, tout au moins, il n'y a d'intérêt à retarder leur maturité, ou à la rendre stationnaire, qu'au point de vue commercial. Par des moyens appropriés on peut cependant conserver très longtemps des fruits délicats, tels que les pêches par exemple. Mais les procédés mis en usage pour obtenir ces résultats ne sont véritablement pratiques, économiques, qu'autant qu'ils sont appliqués sur une grande échelle.

Quelles sont donc les conditions les meilleures qui doivent présider à la conservation des fruits? Elles sont de plusieurs ordres. Une des premières conditions à remplir concerne la température, qui doit être maintenue basse et égale. Elle ne doit pas être élevée parce que les diverses transformations qui s'accomplissent dans l'intérieur des fruits ne peuvent se produire que dans d'étroites limites de température.

Rigoureusement, les matières organiques à une température de 0° ne se putréfient pas; elles se conservent presque indéfiniment. Mais il est bon de faire remarquer aussi qu'à cette température les phénomènes de la maturation sont tellement ralentis qu'ils ne s'accomplissent pour ainsi dire plus.

S'il est hors de doute que les fruits, et en général toutes les matières susceptibles d'entrer en fermentation, se conservent mieux à une température basse, il est non moins bien établi que pour l'obtenir uniforme, constante à 0°, il faudrait faire des dépenses assez élevées, surtout si les locaux n'étaient pas aménagés tout exprès dans ce but : le seraient-ils, que l'installation des systèmes particuliers est toujours très coûteuse.

Dans de pareilles conditions, les dépenses ne sont réellement rémunératrices que lorsque la conservation des fruits est faite dans un but commercial et qu'on opère en grand.

+ 6° à + 8°, *sans variation*, sont des températures qui donnent d'excellents résultats.

Indépendamment de la chaleur, il y a encore à considérer la lumière, qui joue un très grand rôle dans la conservation des fruits. Elle favorise la maturation, et sous son action les fruits passent vite. La pièce servant de fruitier devra donc être absolument obscure.

Le local ne devra pas posséder une atmosphère trop humide, de crainte de provoquer la pourriture, pas plus que l'air ne devra être dépourvu de vapeur d'eau, car, complètement sec, il emprunterait l'eau de constitution de fruits, et ces derniers se rideraient.

Enfin on évitera, comme dernière précaution, de mettre les fruits au contact les uns des autres. Ils seront tous suffisamment espacés, afin que ceux qui seraient atteints de pourriture ne puissent communiquer l'infection à leurs voisins.

Pour ce qui est du choix des locaux, dans la conservation des fruits, les celliers, les caves saines, sont ceux qu'on peut le mieux utiliser dans les maisons particulières.

Une pièce quelconque exposée au nord, à fenêtres doubles hermétiquement fermées, et obscure, remplirait cependant toutes les conditions.

L'aménagement intérieur variera suivant l'importance de la récolte. Des tablettes de 0 m. 50 à 0 m. 60, à liteaux, fixées le long des murs, avec une inclinaison légère d'arrière en avant, garnies de paille bien fraîche, non brisée, espacées les unes au-dessus des autres à 0 m. 25 ou 0 m. 30, et placées ainsi jusqu'au plafond, sont les dispositions le plus couramment employées. D'autres rangées de tablettes, suivant l'importance du local, sont établies parallèlement à celles fixées aux murs.

Plus simplement on emploie, dans bien des cas, pour conserver les fruits, des boîtes légères construites de telle façon qu'elles s'empilent les unes sur les autres. Cette méthode donne d'excellents résultats; elle est connue sous le nom du *fruitier Dombasle.*

Enfin, dans les pièces à atmosphère très humide on placera, sur des assiettes, des morceaux de chlorure de calcium, substance très avide d'eau, pour dessécher l'air.

Pour terminer, ajoutons que les fruits à maturation tardive, devant rester au fruitier longtemps, doivent être cueillis par un beau temps sec, le plus tard possible, lorsqu'ils auront subi l'atteinte des premières gelées blanches; après la récolte on porte les fruits au grenier, on les étend sur la paille pour les laisser ressuyer; c'est seulement alors qu'on les place dans le fruitier.

TABLE DES MATIÈRES

PREMIÈRE PARTIE

Généralités.

DEUXIÈME PARTIE

Cultures spéciales.

APPENDICE

Coulommiers. — Imp. PAUL BRODARD.

PETITE ENCYCLOPÉDIE AGRICOLE

PUBLIÉE SOUS LA DIRECTION DE L. GRANDEAU

Inspecteur général des stations agronomiques, Membre du Conseil supérieur de l'agriculture.

GRANDEAU (L.). — L'ÉPUISEMENT DU SOL ET LES RÉCOLTES. *Le fumier de ferme et les engrais complémentaires.* 1 vol. avec 16 figures.

FOUSSAT (J.), chargé du Cours d'horticulture à l'École pratique d'agriculture Mathieu de Dombasle. — LE JARDINAGE. *Culture potagère pratique.* 1 vol. avec 96 figures.

RINGELMANN (M.), professeur de Génie rural à l'École de Grignon, directeur de la Station d'essais de machines agricoles. — DE LA CONSTRUCTION DES BATIMENTS RURAUX. — I. *Principes généraux de la construction.* 1 vol. avec 170 figures. — II. *Les bâtiments de la ferme.* 1 vol. avec 246 figures.

GAROLA (C.-V.) professeur départemental d'agriculture, directeur de la station agronomique de Chartres, etc. — LA PRATIQUE DES TRAVAUX DE LA FERME. 1 vol. avec 58 figures.

. . . . . .

Prix de chaque volume : 1 fr. 25

Coulommiers. — Imp. PAUL BRODARD.

www.ingramcontent.com/pod-product-compliance
Ingram Content Group UK Ltd.
Pitfield, Milton Keynes, MK11 3LW, UK
UKHW021130220726
13924UKWH00004B/1998

9 782019 908959